絵とき
機械設計 基礎のきそ

Machine Design Series

平田宏一［著］
Hirata Koichi

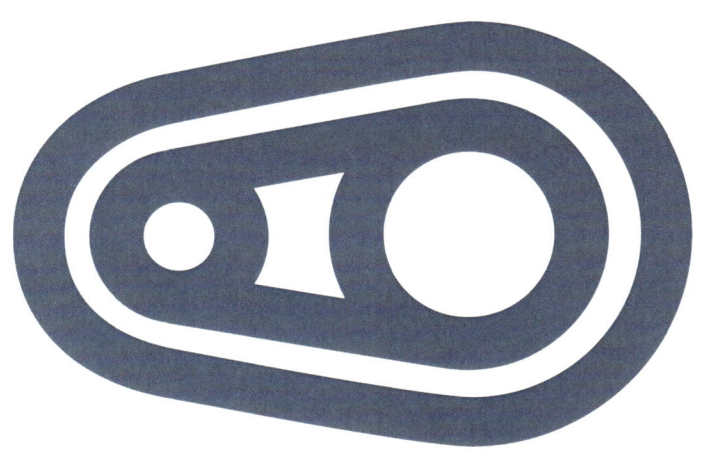

日刊工業新聞社

はじめに

　これまでに、筆者は小型スターリングエンジンや魚ロボット、バリアフリー機器などの様々な実験装置の設計・試作をしてきました。それらの全ては単品製作であり、工業製品として市販されているような量産品ではありません。そして、ほとんどの部品を自分の手で製作しているため、製作性（＝作りやすさ）を考えて設計することがほとんどです。また、実験装置であるため、製作コストを考える必要がありません。一般の機械材料としてよく使われている炭素鋼を使うことはほとんどなく、溶接構造とすることもほとんどありません。そのようなことから、本書で紹介する「機械設計」は、一般に使われている「機械設計」の教科書とは異なる点が多くあります。

　例えば、歯車を使用した機械を設計する場合、普通の機械設計の教科書では歯車（歯面）の強度計算が必須です。しかし、筆者は実験装置に歯車を用いる場合でもそのような強度計算をしたことがありません。実際に歯車を選定する際は、歯車メーカーのカタログに記載されている許容トルクや許容回転数の値を参考にします。歯車の歯が壊れる力を理論的に計算することも重要ですが、歯車にどのような力が作用するのか、または複数の歯車で構成される場合にはどの歯車に最も大きい力が加わるのかを考えることが、最も重要であると考えているためです。同様に、筆者は軸受の寿命計算をしたことはほとんどありません。今までに筆者が開発した実験装置において長寿命の必要がなかったためです。このように実際の機械設計では、これから作り上げる機械の使用条件

や開発目的によって、設計計算や設計手順が異なってきます。

　本書では、機械工学を学んでいる学生や技術者に「機械」を作り上げるための基本的な考え方を理解していただき、機械設計や機械作りの楽しさが伝わるように心がけています。そして、工学的な理屈を考え、「機械」を作り上げる能力を身につけていただきたいと考えています。

2006年3月

平田宏一

絵とき「機械設計」基礎のきそ
目　次

はじめに …………………………………………………………………1

第1章　機械設計の概要
 1-1　機械設計とは ……………………………………………………8
 1-2　機械設計の要点 …………………………………………………12
 1-3　機械の設計例 ……………………………………………………14
 ●考えてみよう！ ……………………………………………………18

第2章　機械の強度と材料
 2-1　材料強度の基礎知識 ……………………………………………22
 2-2　機械の運動とトルク ……………………………………………30
 2-3　機械材料 …………………………………………………………33
 ●考えてみよう！ ……………………………………………………41

第3章　機械加工と設計
 3-1　機械加工の種類と特徴 …………………………………………44
 3-2　加工精度と設計 …………………………………………………55
 3-3　機械加工を考えた設計 …………………………………………62
 ●考えてみよう！ ……………………………………………………63

第4章　ねじを使う設計技術
 4-1　ねじの用途 ………………………………………………………66

4-2	ねじの種類	67
4-3	メートル並目ねじ	72
4-4	ねじの強度	82
4-5	実際の設計	89
●考えてみよう！		96

第5章　軸と軸受を使う設計技術

5-1	軸の設計技術	100
5-2	カップリング	106
5-3	軸と回転体の固定	112
5-4	軸受の利用技術	115
5-5	軸系の設計例	123
●考えてみよう！		125

第6章　歯車機構の設計

6-1	歯車の種類	130
6-2	平歯車の構造と特徴	133
6-3	歯車の強度	140
6-4	歯車機構の設計例	143
●考えてみよう！		148

第7章　シール装置の設計技術

7-1	シール装置の概要	152
7-2	シート状ガスケット	155

7-3	Oリング	158
7-4	オイルシール	163
7-5	シール装置の使用例	167

◉考えてみよう！ ……171

第8章　市販部品を利用する設計

8-1	電気モータ	176
8-2	メカトロニクス	181
8-3	回転運動伝達部品	187
8-4	直線運動伝達部品	189
8-5	ばね	191
8-6	市販部品を組み合わせる設計	193

◉考えてみよう！ ……196

第9章　機械設計の高度化

9-1	システム設計の重要性	200
9-2	機械の高性能化	202
9-3	「やさしさ」のある機械設計	206

◉考えてみよう！ ……210

あとがき ……211
参考文献 ……213
索　　引 ……214

第1章

機械設計の概要

　私たちの身の回りにはたくさんの機械があります。それらの機械は、多くの技術者によって常に高度化・高機能化が図られています。最近では、環境問題を考えたリサイクル設計なども重要な課題となっています。本章では、機械工学における機械設計の位置付けや機械設計の要点について考えてみましょう。

1-1 ● 機械設計とは

(1) 様々な機械

　私たちの身の回りにはたくさんの機械があります（**図1-1**）。作業をより能率的に行うための機械として、人間の力よりもはるかに大きい力を作り出すことができる熱機関、水や空気を送るために使うポンプ、重い荷物を遠くまで運ぶことができる自動車や船などがあります。日常生活を便利に、そして快適にするための機械として、洗濯機やエアコンなどの家電機械があります。新しい情報を集めたり、処理したりするための機械としてはテレビやパソコンなどの情報機械、さらに機械を作るための機械として旋盤やフライス盤などの工作機械があります。

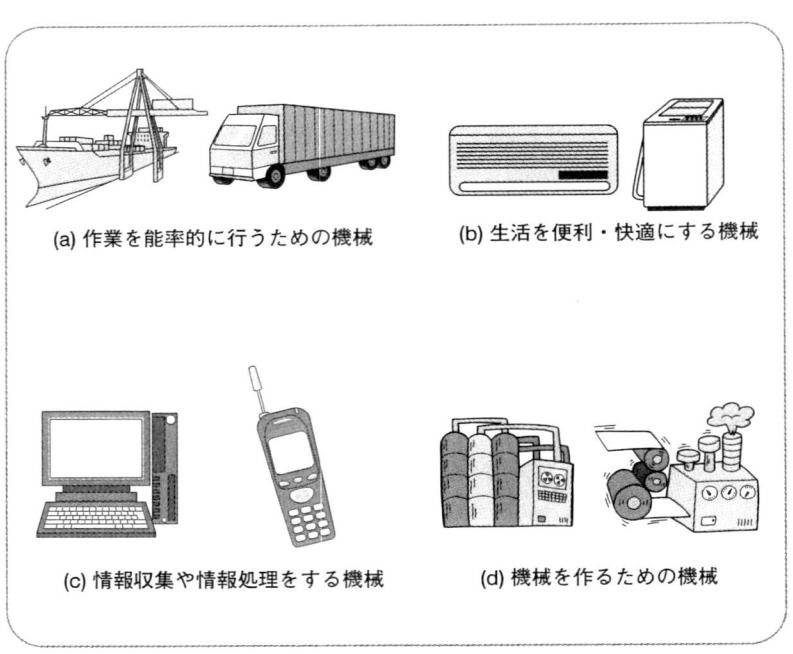

(a) 作業を能率的に行うための機械　　(b) 生活を便利・快適にする機械

(c) 情報収集や情報処理をする機械　　(d) 機械を作るための機械

図1-1　様々な機械

(2) 機械工学における機械設計の位置付け

　機械工学は様々な科目で構成されていますが、全てに共通して言えることは「機械を作り上げること」を目的にしていることです。**図1-2**に、機械を作り上げていく流れを示しています。最初に、機械の必要性や新しい技術を考える「発想」があります。そして、実際の機械の構造や形状を考えていく「設計」があり、それを実際に作るために図面に表す「製図」があります。さらに図面に基づいて「製作」を行います。これで「機械作り」が終わることもあり、これで終わらずに作り上げた機械の「性能評価」を行って、さらに進化した機械の設計へと続くこともあります。このような一連の流れの中で、機械設計は発想を具現化するために様々なことを考える重要な過程です。この過程においては、力学を中心とした基礎知識はもちろん、機械を能率よく開発するための要素技術や機械製図、機械加工についての幅広い知識も必要となります。

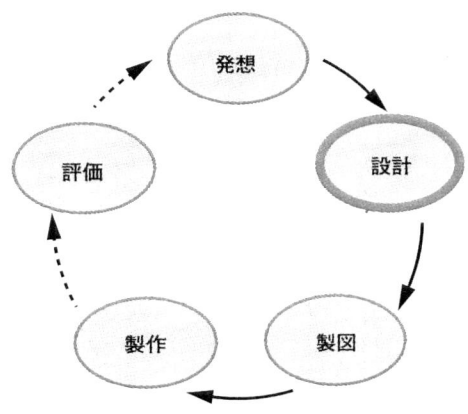

図1-2　機械を作り上げていく流れ

（3）設計と製図の相違

　設計は「考える過程」です。具体的には、機械の構造やボルトの位置、使用するボルトの寸法や本数、軸受の型式、材料などを選定する過程です。一方、製図は、設計者から製作者への「情報伝達手段」です。設計と製図とは機械作りという一連の流れの中にあり、両者には密接な関係がありますが、全く違うものと考えなければいけません（**図1-3**）。

　機械製図には正解があります。それは、間違った図面を描くと設計者から製作者への正しい情報伝達が行われず、正しい機械を作ることができないため、JIS（日本工業規格）により製図の描き方が細かく決められているからです。一方、設計は設計者の考えに基づいて進められていくので、正しい考えなのか、間違えた考えなのかを判断できません。すなわち、機械設計においては、入学試験問題のような公式通りの解答はありません。その点が機械設計の難しさであり、楽しさでもあります。

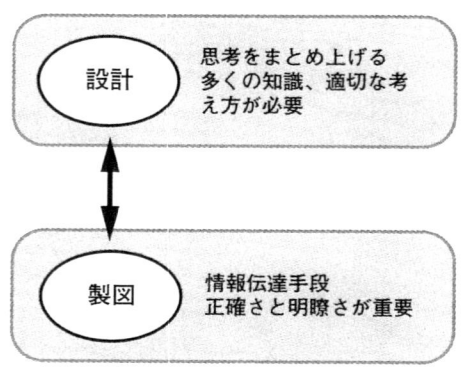

図1-3　設計と製図の相違

 設計と製図とは密接な関係がありますが、全く違うものと考えなければいけません。

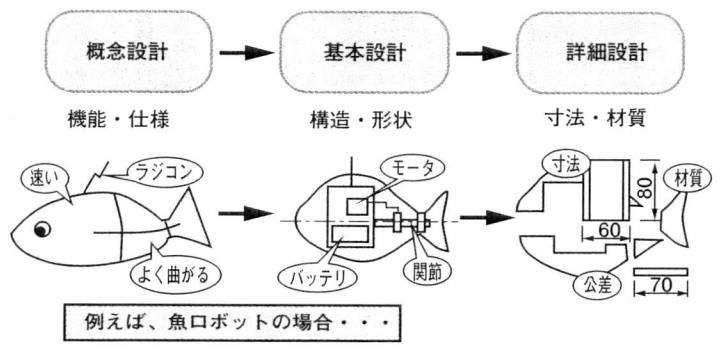

図1-4 機械設計の手順

(4) 機械設計の手順

図1-2に示したように、機械設計は機械作りの流れにおいて発想から製図に至るまでの過程にあります。通常、機械設計は概念設計、基本設計、詳細設計の順番で行われていきます（図1-4）。概念設計では、主に機械の機能や仕様を考えます。基本設計では、より具体的な構造を考えます。詳細設計では、部品の寸法や材質などを考えます。

(5) 設計計算の必要性

機械設計では工学的な思考が重要です。工学的な思考とは、壊れにくい形状とはどのようなものか、低コストな構造とはどのようなものか、作りやすい形状とは、高機能化のための方法は、などを機械作りの観点から適切に判断することです。

機械設計というと、電卓を持ちながら寸法や強度を計算するという印象があるかもしれません。しかし工学的な思考が適切であれば、機械設計において必ずしも設計計算が重要であるとは言えません。ただし、機械部品の寸法や形状を決める際には、少なからず明確な根拠（理由）が必要になりますので、設計計算が必要になることがあります。また、機械の最適化や高性能化を目指す場合、より詳細な設計計算やコンピュータシミュレーションが必要になります。

1-2 ● 機械設計の要点

　機械設計は機械を作り上げていく際の一つの過程ですので、機械設計を終了したことは目的を達成したことにはなりません。そのため機械設計は迅速かつ能率的に進められなければいけません。以下、機械設計の要点をまとめてみます。

(1) 設計コンセプトの明確化

　これから機械の設計を始める場合、設計コンセプト（開発目的）を明確にしておくことが重要です（図1-5）。設計コンセプトが明確になっていない状態で機械設計を進めると、部品の形状を決定する際や使用する部品を選択する際、工学的な根拠が不明確になります。もちろん設計コンセプトは、与えられた設計課題や機械に要求されている性能を満たすものでなければいけません。

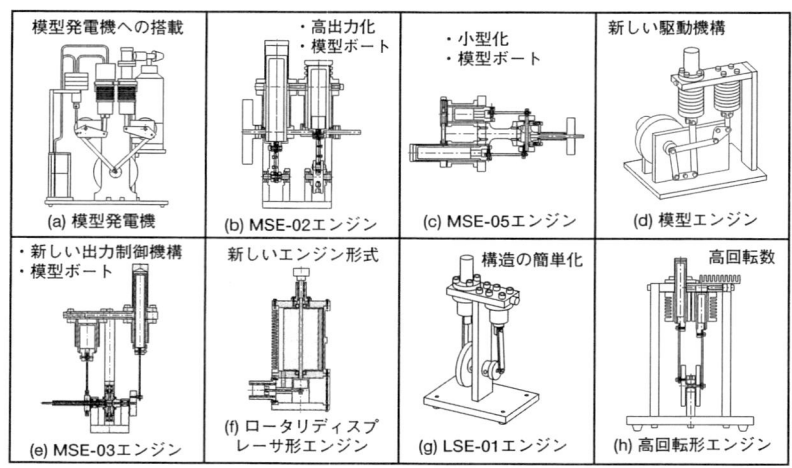

図1-5　模型スターリングエンジンの設計コンセプト例

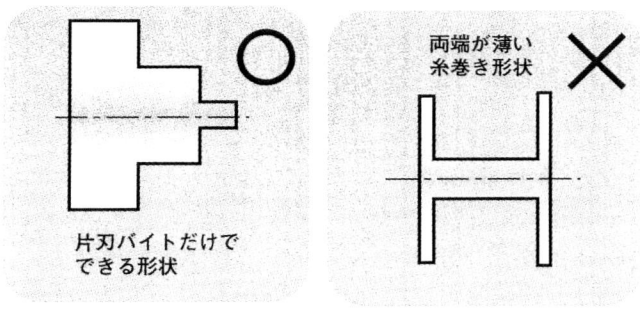

図1-6　作りやすい形状の例

(2) 機械加工の知識

　機械部品の形状や寸法を決める際、機械加工の知識は必要不可欠です。機械設計においては、常に作りやすさを考えて形状・寸法を決定するように心がけなければいけません（**図1-6**）。また実際の機械加工では、図面と全く同じ寸法に仕上げることはできません。寸法の精度は加工機械や加工者の技能によって大きく異なってきますが、許容される精度が緩いほど作りやすいのは言うまでもありません。設計者は必要以上に高い精度を指定してはいけません。そのような観点から、普通公差（JIS B0405）をうまく利用することが重要です。

(3) 規格部品の流用とカタログの活用

　実際の機械では規格化された市販部品を流用することがあります。1本数円から数十円で売られているボルトやナットをわざわざ旋盤で加工するのはあまりにも非能率的です。また様々な機械に使われている軸受やシール部品なども規格化されている部品を使うのが能率的です。そのような場合、部品メーカーのカタログをしっかりと読みとり、適切な部品を選択することが重要です。それらの汎用的な機械部品は、JISで標準化・規格化されています。すなわち、JISに基づく機械設計が重要になります。ただしJISを見れば全ての機械設計ができるのではなく、設計はあくまでも設計者自身が考えることが重要です。

(4) バランスのよい設計

　機械設計では、常にバランス（兼ね合い）を考えなければなりません（**図1-7**）。例えば、自動車を考えてみると、製作コストが高いほど高性能な自動車になり、製作コストを低くすると高い性能は望めなくなります。また通常の機械を考えると、機能が多いほど強度・重量が増え、機能が少ないほど強度・重量が減ります。もちろん常に高性能化・高機能化を目指すわけではありません。設計者は要求されている機能を把握し、これらのバランスや要求されている機能や価格を考えて設計しなければいけません。これが機械設計の最適化の難しさです。

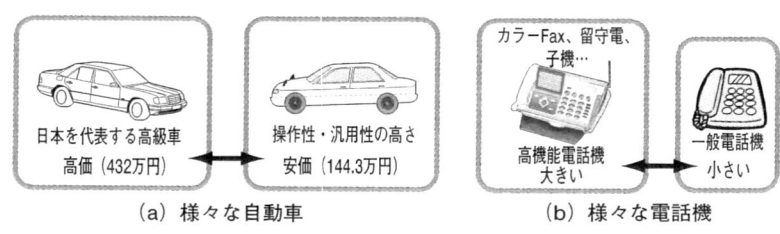

　　　　（a）様々な自動車　　　　　　　（b）様々な電話機

図1-7　バランスを考えた設計

 機械設計では、常にバランス（兼ね合い）を考えなければなりません。

(5) 他の設計者の考えを参考にすること

　機械設計では、他の設計者の「考え」を参考にすることも重要です。もちろん図面を写すことではありません。どのように部品の形状・寸法を決めたのか、あるいは何を考えて設計したのかを参考にすることです。

1-3 ● 機械の設計例

　機械設計は、設計者の考えに基づき進められていきます。設計者は何

を考えて、機械を設計しているのでしょうか。以下、筆者が実際に設計・試作したいくつかの実験用機器を紹介します。

(1) 小型スターリングエンジン

スターリングエンジンは出力当たりの重量が大きいこと、製作コストが高いことが問題とされています。図1-8に示す実験用スターリングエンジンは、小型化・低コスト化を目指して設計されました。

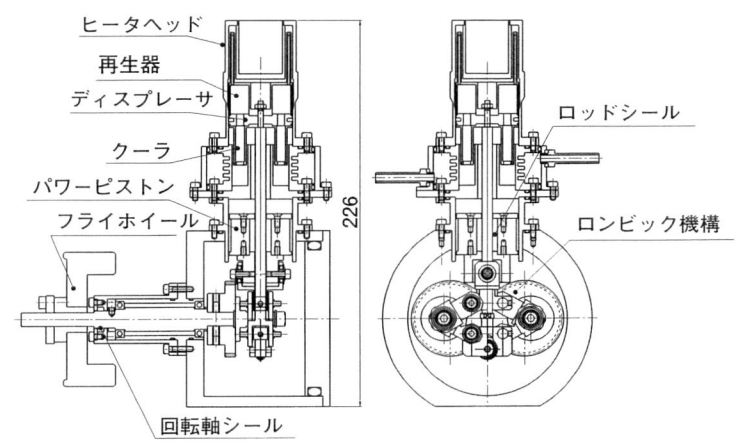

(a) 構造

(b) 外観

図1-8 実験用スターリングエンジン「Mini-Ecoboy」

目的を達成させるため、高い回転数で運転すること、バランス性に優れたピストン駆動機構を採用すること、簡単な構造で高性能な熱交換器を採用することとしました。そして、小型化のために2つのピストンを直線上に配置しました。さらに、ピストンとヒータヘッドの形状を工夫して伝熱性能を高める構造としました。

(2) 模型ボート

模型スターリングエンジンを搭載し、高速で進み、しかも安定した模型ボートを開発することを目的として、**図1-9**の模型ボートを設計・試作しました。目的を達成するために、浮力と重力のバランスを適切に見

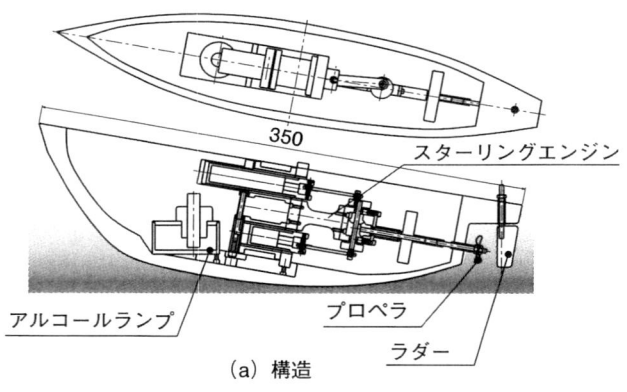

(a) 構造

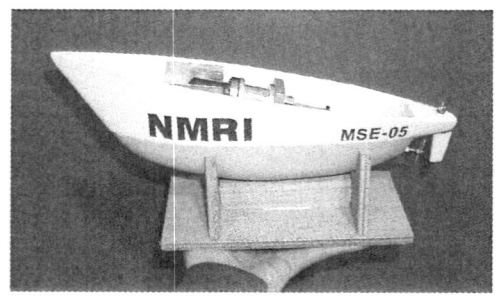

(b) 外観
図1-9　模型スターリングエンジンボート

積もること、転覆しない安定した船型を採用すること、水の抵抗が小さい船型を採用することが重要であると考えました。そして設計計算として、模型ボートの排水量、浮心位置（排水される水の重心）、エンジンを含めた全重量および重心位置を概算しました。

重心を低くするためにエンジンを横置きとし、熱源（アルコールランプ）をできる限り低い位置に配置するなどの工夫をして、本模型ボートを約0.6 m/sの速度で軽快に走らせることができました。

(3) 実験用魚ロボット

様々な用途で使用できる水中ロボットの開発を目指して、**図1-10**に示

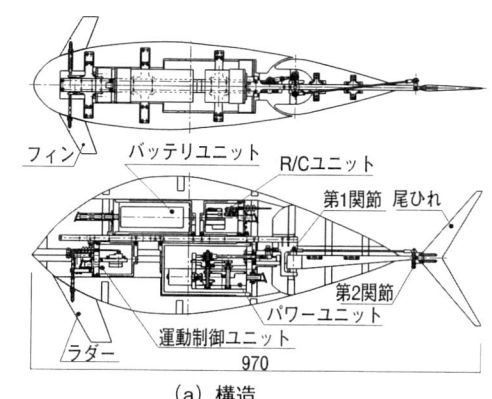

(a) 構造

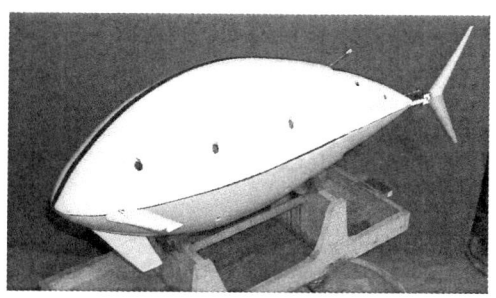

(b) 外観
図1-10　実験用魚ロボット

す魚ロボットを設計しました。目的を達成させるため、各構成要素をユニット化し、用途に応じて交換できる構造としました。**図1-10**（a）に示すように、動力源と減速機構を内蔵したパワーユニット、上下運動・旋回運動のための運動制御ユニット、バッテリユニットなどを搭載しました。本魚ロボットを試作した後、それぞれの構成要素が適切に機能することを確認しました（**5-5節**参照）。

考えてみよう！

【問1-1】高価格な自動車と低価格の自動車はどのように違うのでしょうか。機械設計の観点から考えてみましょう（図1-7参照）。

【問1-2】快適な自動車とはどのようなものでしょうか。具体例をあげて説明してください。

【問1-3】機械は様々な進化を経て、現在の形となっています。インターネットなどを利用して、身の回りの機械の歴史を調べ、なぜ現在のような形になったのか、機械設計の観点から考えてみましょう。（例：自動車、自転車、携帯電話、洗濯機、エアコン…）

　本文中に示したように、設計は設計者の考えに基づいて進められるので、正しい考えなのか、間違えた考えなのかを判断することはできません。したがって、章末の「考えてみよう！」に正解はありませんし、解答例も示していません。各自で考えて、最も適切と思われる解答を見つけてみてください。

第1章 機械設計の概要

第2章

機械の強度と材料

　機械に重要なことは、第一に「壊れないこと」、「安全であること」、そして「正しく機能すること」です。そのためには材料の特徴をよく把握しておき、適切な材料を使うこと、荷重が加わっても壊れない形状・寸法にすること、すなわち材料強度についての知識が重要になります。本章では、強度設計において最も基本となる機械が静止しているときの強度、機械の運動、そして機械によく使われている代表的な材料について解説します。

2-1 ● 材料強度の基礎知識

機械設計に材料強度の知識は欠かせません。強度不足によって機械が壊れるのは絶対に避けなければいけません。以下、機械設計を進める上で必要不可欠な材料の強度について考えてみましょう。

(1) 荷重の形式

機械部品はそのままの状態で壊れることはありません。ある限界を超えた強い荷重が加えられたときに壊れるのが普通です。荷重の形式には様々な種類があります。その代表的な形式として図2-1に示す引張り荷重、圧縮荷重、せん断荷重があります。

機械設計においては、どの部品にどのような形式の荷重が加わるのかを適切に判断することが重要です。

(2) 材料の引張り強さ

図2-2に示すように、材料に引張り応力(荷重／断面積)を与えていくと、材料は破断します。その破断するときの応力を引張り強さ(単

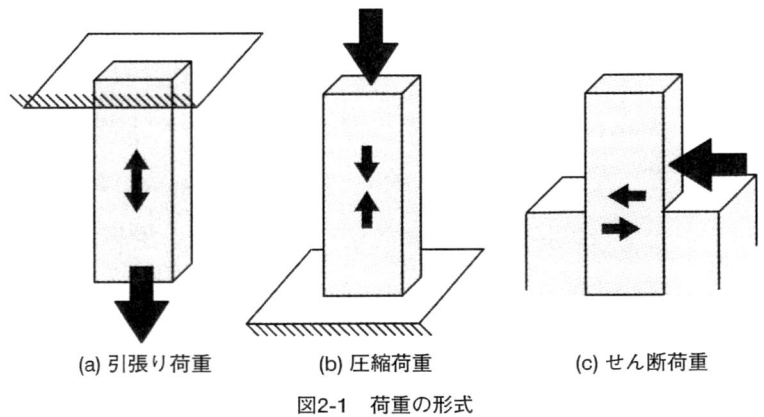

図2-1　荷重の形式

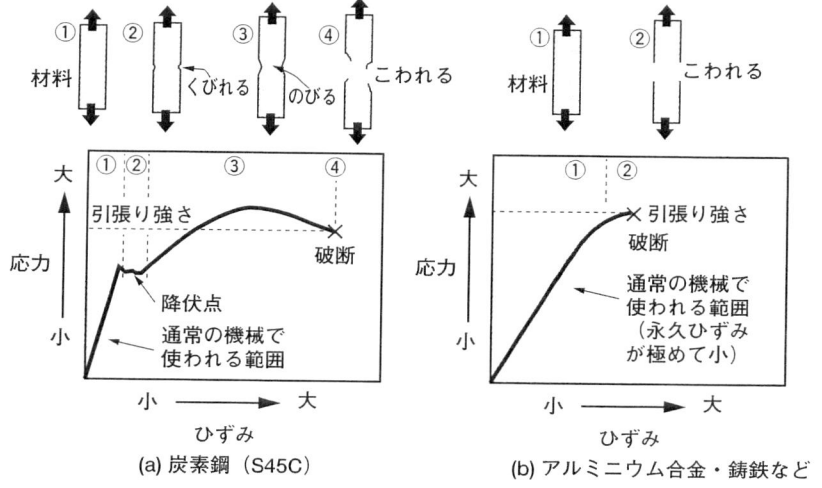

図2-2　材料の引張り強さのイメージ

位：N/mm²）と言います。引張り強さは、材料の強度を表す最も基本的な指標となります。

伸びる材料と伸びない材料

　炭素鋼などの材料に引張り応力を与えていくと、材料が伸びてから破断します。材料が伸びてしまっては、機械は正しく機能しません。そのため、機械材料としては、材料がほとんど伸びない範囲（降伏点以下）で使用するのが普通です。
　一方、アルミニウム合金や鋳鉄は、伸びずに破断します。そのため、引張り強さを基準とした応力を計算し、引張り荷重をなくすと元の寸法に戻る範囲内で使用します。

 機械設計においては、どの部品にどのような形式の荷重が加わるのかを適切に判断することが重要です。

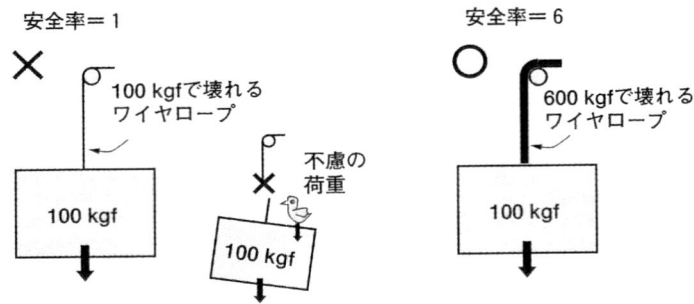

図2-3　ワイヤロープの破断と安全率

（3）許容応力と安全率

設計上、許容できる最大応力を許容応力と言います。すなわち、実際の部品に作用する荷重は常に許容応力よりも小さくしておく必要があります。一般に許容応力は次式で求められます。

$$\boxed{許容応力＝基準の強さ／安全率}$$

ここで基準の強さとは破損の限界を表す応力であり、引張り強さなどが用いられます。安全率は、材料強度のばらつきや荷重の見積もり誤差などの不確定な要因を考慮して、設計者が設定する数値です（図2-3）。

（4）機械の破損と設計

機械設計を進める場合、機械のどの部分が最も壊れやすいのかを考え、その防止策を考える必要があります。以下、材料強度に関連する設計時の注意点について概説します。

①応力集中

丸棒や四角い板材などの単純な形状の部品であれば、部品の内部には一様な応力が加わります。しかし部品に溝、穴あるいは段違い部などがあると局部的に高い応力が加わります（図2-4(a)）。これを応力集中と言

ワイヤロープの安全率

　図2-3に示すような、荷物をつり上げるワイヤロープを考えてみます。100 kgfの荷重で破断するワイヤロープを使って、重量100 kgfの荷物をつり上げるのはあまりにも危険です。風などの不慮の外乱があったり、あるいはワイヤロープがさびていたりすると、ワイヤロープは破断し、荷物は落下してしまいます。通常、荷物をつり上げるためのワイヤロープの安全率は6以上と決められています。すなわち、重量100 kgfの荷物をつり上げるためには、600 kgf以上の荷重まで使えるワイヤロープを使わなければいけません。

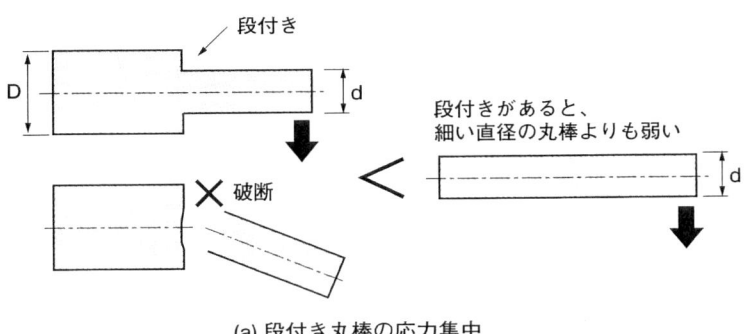

(a) 段付き丸棒の応力集中

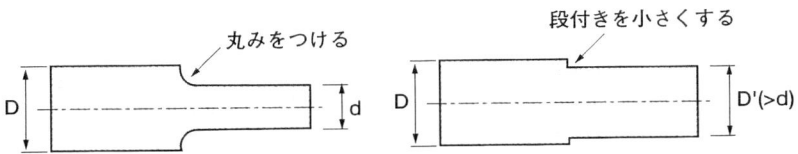

(b) 応力集中を小さくする形状

図2-4　応力集中

います。

　応力集中を小さくするためには、**図2-4(b)**に示すように、大きな荷重が加わる部品に急激な形状変化を与えないような形状にします。

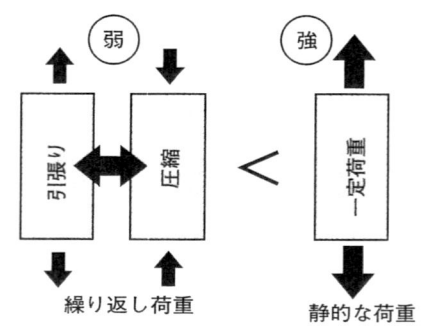

図2-5　繰り返し荷重

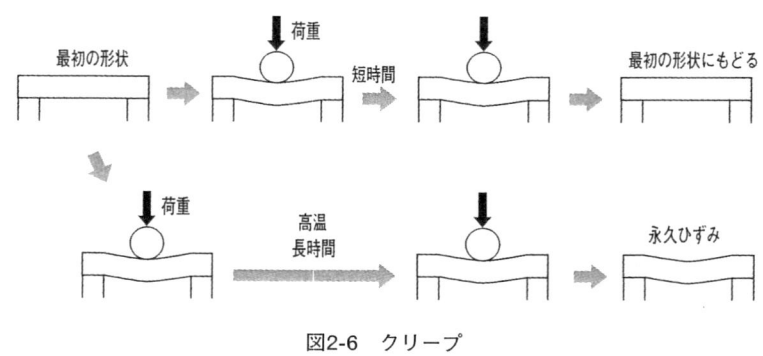

図2-6　クリープ

②繰り返し荷重

　荷重の強弱が繰り返されている場合、小さい荷重であっても部品が破損することがあります（図2-5）。繰り返し荷重が加わる部品を設計する場合、材料の強度や性質について十分に検討しなければいけません。

③クリープ

　クリープとは、一定の応力のもとで永久ひずみが時間とともに増加する現象です（図2-6）。クリープは温度の影響を大きく受け、高い温度（鉄鋼材料で350〜400℃以上）で長時間使用される場合に生じやすくなります。

 安全率は、材料強度のばらつきなどの不確定な要因を考慮して、設計者が設定する数値です。

安全率の目安

　実際に機械を設計する場合、機械や部材に作用する力を精度よく見積もることは簡単ではありません。安全率が低すぎると危険性が増し、安全率が高すぎると機械の重量や製作コストが増すので好ましくありません。表2-1は、基準の強さを破断する際の応力とした場合の安全率の目安です。あくまでも目安ですが、これらの値を基準として設計を進めるとよいでしょう。

材料	安全率			
	静的な荷重	動的な荷重		
		片振り繰り返し荷重（引張りまたは圧縮のどちらかのみ）	両振り繰り返し荷重（引張りと圧縮の両方）	激しい繰り返し荷重、衝撃的な荷重
鋼	3	5	8	12
鋳鉄	4	6	10	15

表2-1　安全率の目安

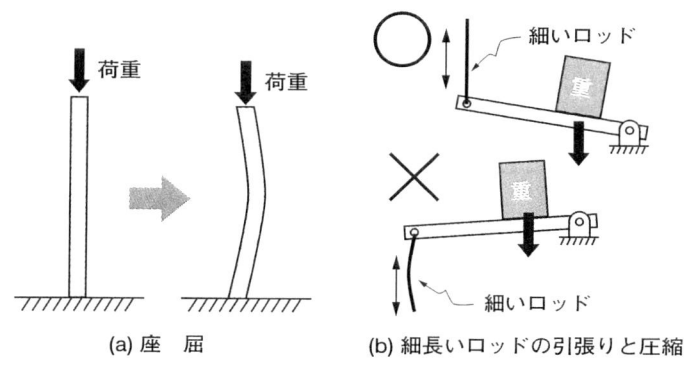

(a) 座屈　　(b) 細長いロッドの引張りと圧縮

図2-7　座屈

④座屈

　細長い棒に圧縮荷重が加えた場合、図2-7(a)に示すように、荷重が小さくても棒が横方向にたわむことがあります。これを座屈と言います。圧縮荷重を受ける細長い部品を設計する場合、座屈強度に注意します。

高温環境下での引張り強さ

　機械材料の引張り強さは、温度の上昇とともに低くなります。例えば、ステンレス鋼棒（SUS304）を圧力容器として使用する場合、500℃で使用可能な最大の応力（許容引張り応力*）は常温時の約1/2倍、700℃では約1/5倍にもなります（図2-8）。

　高温環境で使われる部品を設計する場合は材料の強度に細心の注意を払う必要があります。

* 圧力容器の許容引張り応力の算出方法は、第一種圧力容器構造規格により、詳細に決められています。（参考：斎藤勇編、圧力容器構造規格による計算例集、産業図書、1995）

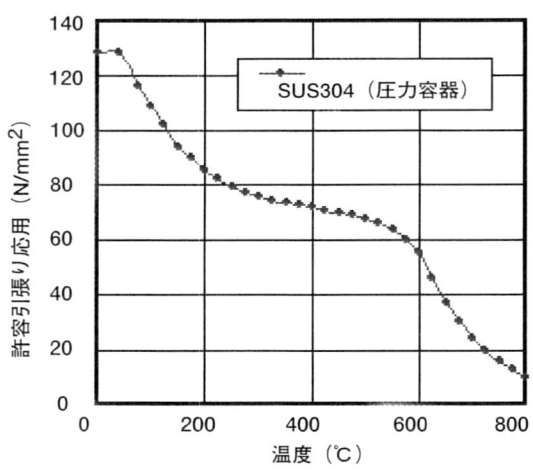

図2-8　温度と許容引張り応力の関係

　座屈は、材料が太く、短いほど起こりにくくなります。

　例えば、図2-7(b)に示すように細いロッドで運動を伝達する場合、ロッドを押して運動を伝えるよりも、ロッドを引いて運動を伝える方がよいことになります。

（5）静的荷重を受ける部材の構造

　実際の機械はいくつもの部品が組み合わされて作られています。その組み合わせ方によって機械の強度は大きく異なります。静的荷重とは荷重の時間的変化がない一定の荷重のことです。静的荷重を受ける部材の設計は強度設計の最も基本となります。

　図2-9(a) に示すような3枚の板材があります。1枚がテーブル、2枚が足となります。テーブルの上には重い機械を設置します。どのように組み合わせるのが強度的に優れているのか考えてみましょう。基本的な構造として、**図2-9(b)** および **(c)** に示す2種類の方法が考えられます。テーブルの上に荷重が加えられた場合、**(b)** は荷重を板材（足）の圧縮荷重で受けることになります。一方、**(c)** はテーブル中央の荷重をねじで受けています。テーブルと足とはねじで固定されていて、ねじの断面積よりも板材の断面積の方が大きいのは明らかです。しかも、一般に圧縮許容応力はせん断許容応力よりも大きいので、**(b)** の方が強度的に優れていると言えます。

　実際の設計では、強度部材であっても経験や勘で寸法を設計することが多いものです。しかし、極限状態で使う機械や最適化を目指す機械、あるいは人命などに危険を伴う機械では、強度計算が必要不可欠です。

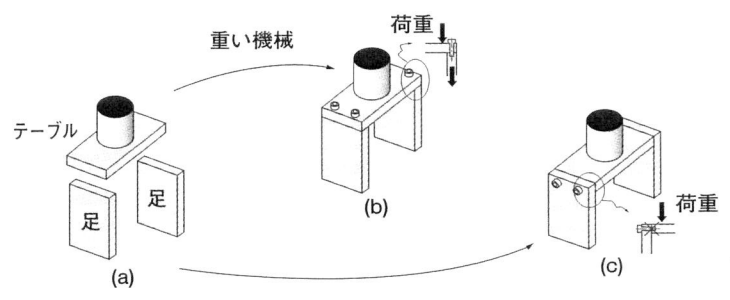

図2-9　静的荷重を受ける台

いずれの場合でも、図2-9のような機械の基本構造を適切に考えることが重要です。

2-2 機械の運動とトルク

　機械とは「動力によって一定の運動を行い、ある仕事をする複雑なしかけをもった器具」と定義されます。すなわち機械は動くものであり、通常、電気モータやエンジンなどの動力を何らかの方法で伝達し、使用しやすい形態に変換しています。例えば、自動車の場合、ガソリンエンジンの運動を減速機（ミッション）やクラッチを通してタイヤの回転運動に伝達し、前進する動力を得ています（図2-10）。旋盤の場合、電気モータの運動を、歯車機構やベルト機構を介して材料を回転させる運動に変換しています。機械設計の際には、その運動によって生じる荷重を適切に見積もり、機械の強度について検討しなければいけません。以下、機械の動力伝達、すなわち「力」の伝わり方について考えてみます。

（1）回転運動と往復運動

　運動の形式としては、大きく分けて回転運動と往復運動があります（図2-11）。最近のコンピュータ制御やロボット技術などの進展によって、往復運動を利用する機械が増えてきています。しかし、ほとんどの電気モータやエンジンは回転運動ですので、一般的な機械では、回転運動を利用することの方がはるかに多くあります。一般に、一定速度で回転する運動は扱いやすく、そのような機械の設計は比較的簡単です。一方、往復運動は速度が変化し、各部品に慣性力が働くため、設計は難しくなります。

 運動の形式としては、大きく分けて回転運動と往復運動があります。

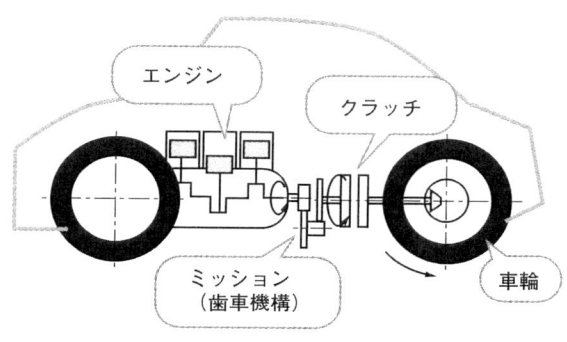

図2-10 自動車の駆動部

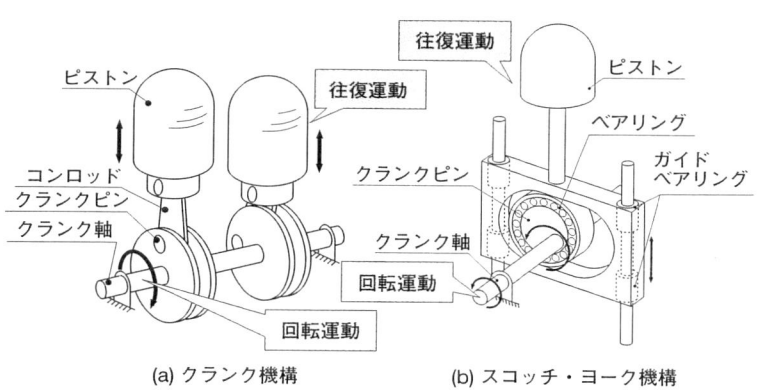

(a) クランク機構　　(b) スコッチ・ヨーク機構

図2-11 回転運動と往復運動

(2) 回転運動とトルク

　回転機械の強度設計では力（単位：N）の代わりにトルク（単位：N·m）を用いることがあります。歯車やカップリング（軸継手）のカタログでも、ほとんどは許容トルクが記載されています。以下、トルクの定義と基本的な性質について説明します。

　図2-12に示すように、モータにプーリを取り付けて、質量 m（kg）のおもりを引き上げる場合、プーリ回転軸のトルク T_q（N·m）は、お

もりに働く重力$F=mg$（N）とプーリ半径R（m）との積で定義されます。

$$T_q = F \cdot R \tag{2-1}$$

トルク＝力×回転半径

モータが1回転するとき、おもりは$2\pi R$（m）だけ引き上げられます。したがって、そのときの仕事W(J)（力×移動距離）は次式で表されます。

$$W = 2\pi R \cdot F \tag{2-2}$$

仕事＝力×移動距離

モータがf（Hz）で回転しているとき、出力L（W）（1秒当たりの仕事）は次式より求められます。

$$L = W \cdot f = 2\pi R \cdot F \cdot f = 2\pi \cdot T_q \cdot f \tag{2-3}$$

モータの回転数を毎分当たりの回転数N（rpm）で表すと、

$$L = W \cdot \frac{N}{60} = 2\pi R \cdot F \cdot \frac{N}{60} = 2\pi \cdot T_q \cdot \frac{N}{60} \tag{2-4}$$

となります。式（2-3）および式（2-4）のトルクと回転数の関係式は、回転機械のモータを選定する場合や動力伝達を考える際にとても重要になります。

図2-13は、ベルト機構を利用した質量 m（kg）のおもりを引き上げ

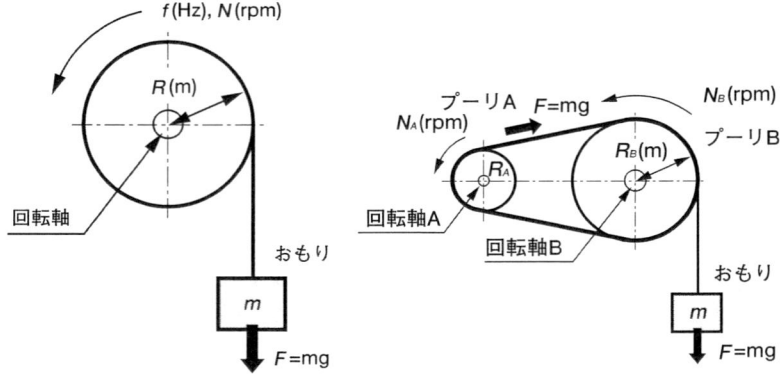

図2-12　回転運動とトルク　　　図2-13　減速機構とトルク

る装置です。この装置における2本の回転軸のトルクについて考えてみます。プーリBの半径R_BはプーリAの半径R_Aの2倍とし、モータに取り付けた回転軸AはN_A（rpm）で回転します。したがって、おもりを取り付けた回転軸Bは、回転軸Aの1/2の回転数N_B（rpm）（＝$N_A/2$）で回転します。回転軸BのトルクT_{qB}は、

$$T_{qB} = mg \cdot R_B \tag{2-5}$$

となります。ベルトの張力はおもりの重力mg（N）と等しくなるため、回転軸AのトルクT_{qA}は、

$$T_{qA} = mg \cdot R_A = mg \cdot \frac{1}{2} R_B \tag{2-6}$$

となります。すなわちトルクT_{qB}はトルクT_{qA}の2倍になります。これは、回転軸Bの方が回転軸Aよりも高い強度が必要であることを示しています。

式（2-4）を参考にして出力（仕事率）を求めると、回転軸Bにおいては、

$$L_B = 2\pi R_B \cdot mg \cdot \frac{N_B}{60} = 2\pi \cdot T_{qB} \cdot \frac{N_B}{60} \tag{2-7}$$

となり、回転軸Aにおいては、

$$L_A = 2\pi R_A \cdot mg \cdot \frac{N_A}{60} = 2\pi T_{qA} \cdot \frac{N_A}{60} = 2\pi \cdot \frac{1}{2} T_{qB} \cdot \frac{2N_B}{60} = 2\pi \cdot T_{qB} \cdot \frac{N_B}{60} \tag{2-8}$$

となります。すなわち、一連の装置において、トルクは増減することがあっても、出力（仕事率）は変わらないことがわかります。

2-3 機械材料

機械には様々な材料が用いられています。大きく金属材料と非金属材料に分けられ、そして金属材料は鉄鋼材料と非鉄金属に分けられます。それらの材料は機械設計の際に決定され、組立図や部品図に記入されるのが普通です。以下、代表的な機械材料について説明します。

(1) 金属材料の種類

①炭素鋼

S45CやSS400に代表される炭素鋼は、安価であること、溶接性に優れていること、様々な熱処理ができることなどの特徴があります。最もよく使われる機械材料の一つです。

イ) SS材とS-C材の違い

SS材とS-C材の違いについて覚えておきましょう。SS材は強度を基準とした炭素鋼です。例えば、SS400は引張り強さが400 N/mm²以上の炭

強度設計の失敗例

強度不足によって機械が壊れた例を紹介します。図2-14は、図1-10に示した実験用魚ロボットの駆動部です。本魚ロボットは直流モータを動力源とし、その回転運動を6枚の歯車を利用して減速しています。さらにスコッチ・ヨーク機構と呼ばれる機構を用いて回転運動を往復運動へと変換しています。魚ロボットを水中で運動させると、尾ひれに水の抵抗が加わり、直流モータから往復動ロッドに至るまでのそれぞれの部品に力を受けます。実際に運転すると、スコッチ・ヨーク機構のピンに取り付けた軸受が破損しました。さらに、その強度を高めて運転するとピン

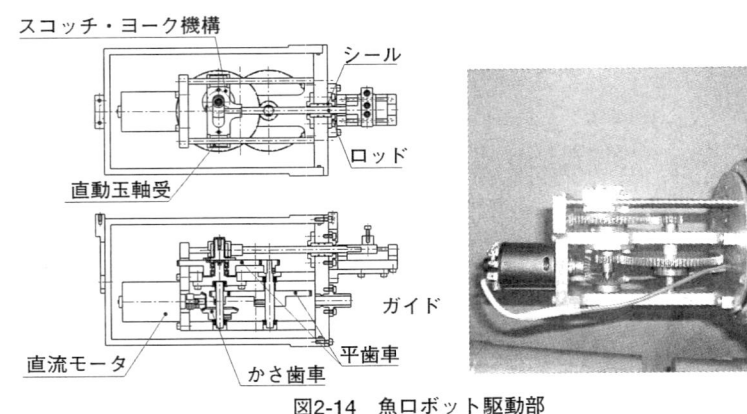

図2-14　魚ロボット駆動部

素鋼です。一方、S-C材は材料成分を基準とした材料です。例えばS45Cは、0.45%の炭素が含まれている材料です。SS材とS-C材を使い分けることはかなり難しいのですが、一般に、できる限り安く部品を作りたい場合にはSS材、熱処理などの加工が重要になる場合にはS-C材を選ぶようにします。

ロ）鉄鋼材料の材料記号

　鉄鋼にはかなり多くの種類があります。最低限、次の3種類を覚えておきましょう。

やボルトが破損しました（図2-15）。

　このような機械を設計する場合、通常、水の抗力を概算します。本魚ロボットの設計では、尾ひれを1枚の平板と見なして、尾ひれの最高速度から尾ひれの最大荷重などを求め、各部品の寸法を決めました。しかし、動力源の仕様（モータの出力、回転数、トルク、減速比…）を決定するのに主眼がおかれ、各部品の強度計算を十分に行いませんでした。この失敗は、荷重の見積もりを誤り、強度設計が十分に検討されなかったために生じたものです。もちろん模範的な設計とは言えず、見習ってはいけません。なお様々な改良を行い、本魚ロボットは順調に動くようになりました。

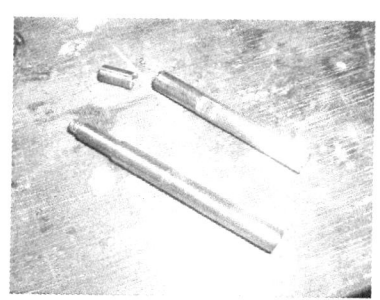

（a）軸受　　　　　　　　（b）ピン

図2-15　破損した部品

SS400：強度を基準とした炭素鋼です。数値は引張り強さ（N/mm²）を表していますので、数値が大きくなるほど強くなります。

S45C：成分を基準とした炭素鋼です。数値は炭素の含有量（例：45→0.45%）を表していますので、数値が大きくなるほど炭素が増え、熱処理（焼き入れ）をしたときの硬さが高くなります。

FC200：ねずみ鋳鉄と呼ばれる鉄鋼です。鋳造品（鉄を溶かしてから型に合わせて固める加工）に使用される鉄鋼材料です。数値は引張り強さ（N/mm²）を表しています。

②アルミニウム合金

アルミニウム合金にも多くの種類がありますが、全般的な特徴としては、軽量なこと（約2700 kg/m³）、比較的柔らかく、加工性がよいことなどがあげられます。

代表的なアルミニウム合金について見ると、純アルミニウム系（工業用アルミニウム、1000系）は、展延性（のばしたり、曲げたりしても壊れない性質）がよく、溶接性にも優れているという特徴があります。しかし、強度が低いことや、粘っこいので切削性が悪いことなどの特徴もあります。

Al-Cu系合金（2000系）は、鉄鋼材料に匹敵するほどの強度を持つものもあり、切削性に優れています。しかし、ロウ付けや溶接には不向きであり、曲げ加工がしづらいので、材料選定の際には注意します。

アルミニウム合金の材料記号は「A」の後ろに4桁の数字がつきます。代表的な材料記号を覚えておきましょう。

A1100：純アルミニウム（99.00%以上）。溶接性や展延性に優れた材料ですが、切削加工には不向きです。

A2011：快削合金。切削性に優れています。

A2017：ジュラルミン。強度が高いのが特徴です（A2017-T4、引張り強さ435 N/mm²）。

SS2024：超ジュラルミン。強度が高いのが特徴です（A2024-T4、引張り強さ430 N/mm²、A2017よりせん断強さ、疲れ強さに優れている）。

A7075：超々ジュラルミン。強度がとても高いのが特徴です（A7075-T6、引張り強さ585 N/mm²、耐力が高い）。

③ステンレス鋼

　ステンレス鋼は、強度が高い、熱に強い、さびないなどの優れた特徴があります。熱に強いという特徴を活かして、直火が当たる部品などに利用できます。また、さびないという特徴から水中で使用する機械部品などにも利用できます。しかし、粘っこいので他の金属材料と比べて加工がしづらいので注意します。

　ステンレス鋼の材料記号は「SUS」であり、通常「サス」と読みます。多くの種類がありますが、次の1つは最低でも覚えておきたい材料記号です。

切削加工と丸材の寸法

　機械材料として丸棒を使うことはよくあります。市販されているアルミニウム合金やステンレス鋼の丸棒は、直径30mm、40mm、50mm、60mm、80mmなど、区切りのよい寸法です。最大直径が50mmの部品よりも最大直径が48mmの部品の方がはるかに加工が簡単です。最大直径が50mmの部品は直径60mmの材料から削り出さなければならないのに対して、最大直径が48mmの部品は直径50mmの材料から削り出せばよいためです（図2-16）。設計の際には、機械加工のことも考えて寸法を決めるようにします。

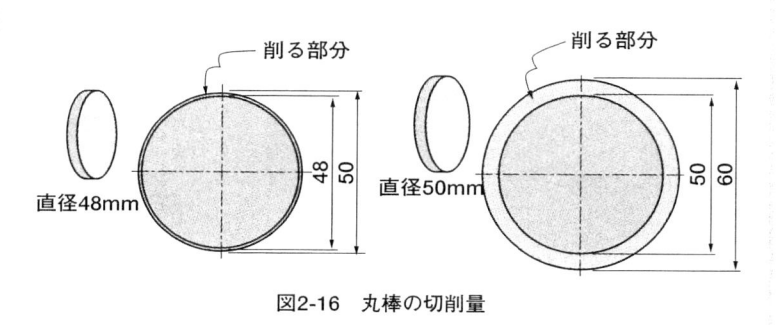

図2-16　丸棒の切削量

SUS304：最も代表的なステンレス鋼です。

④銅合金

銅は、導電性に優れ、熱伝導性が高いという特徴があります。そのため、導電性を必要とする電気機械や熱交換器材料として使われることがありますが、鉄鋼材料と比べてかなり高価であるため、一般の機械の強度部材として使われることはあまりありません。

機械材料として使われる銅合金として、黄銅（真ちゅう）があります。黄銅は、銅と亜鉛を主成分とした合金であり、炭素鋼やステンレス鋼と比べて切削性がよく、はんだや銀ロウとの相性がよいという特徴があります。

銅合金の材料記号は「C」の後ろに4桁の数字がつきます。いくつかの代表的な材料記号をあげておきます。

C1100：銅（99.90%以上）。
C2801：60/40黄銅。銅が約60%、亜鉛が約40%の銅合金です。
C3604：快削黄銅。

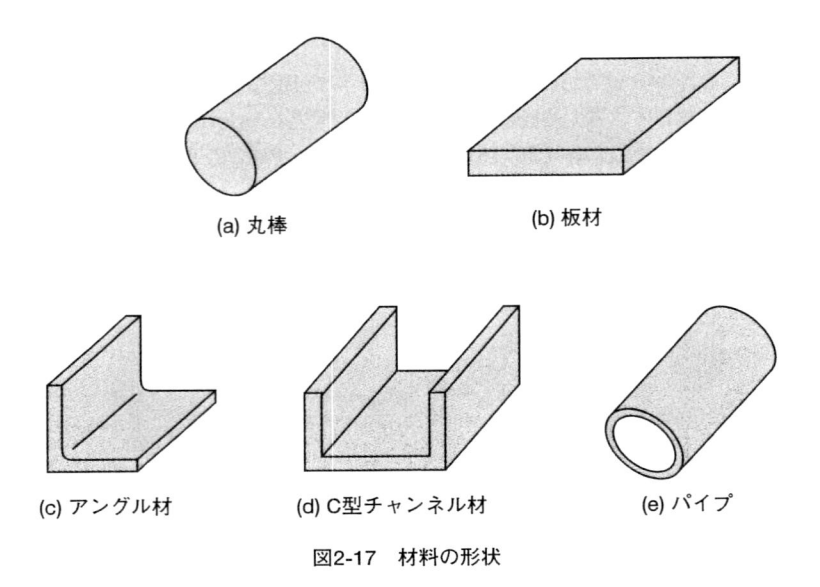

(a) 丸棒　　(b) 板材

(c) アングル材　　(d) C型チャンネル材　　(e) パイプ

図2-17　材料の形状

⑤その他の金属材料

特殊な金属材料の一つとして、チタン合金があげられます。チタン合金は強度が高く、軽量であるという特徴があります。しかし、加工性が悪く、高価であるため、一般の機械に使われることは少なく、高級スポーツ用品や深海調査船などの特殊用途に用いられます。

> **チェックポイント** 機械には様々な材料が用いられますが、大きく金属材料と非金属材料に分けられ、そして金属材料は鉄鋼材料と非鉄金属に分けられます。

(2) 金属材料の形状

機械部品として使われる金属材料は、ほとんど「丸棒」が「板材」です（図2-17(a)、(b)）。それらをうまく組み合わせて、部品や機械を製作していきます。また図2-17(c)〜(e)に示すようなアングル材（山型鋼）、チャンネル材、パイプなども規格化されている材料です。それらをうまく利用して機械設計を進めます。

(3) 非金属材料

動力機械や工作機械、少量生産の機械などでは、一般に金属材料が使われます。一方、大量生産される機械や特殊な機能性を持つ部品では、金属以外の材料（非金属材料）を使うことがあります。非金属材料には多くの種類がありますが、以下では機械の要素部品として使われることがある代表的な材料を紹介します。

①ゴム材料

ゴム材料は、金属材料と対照的に柔らかいのが特徴です。機械部品としては、第7章で紹介するようなシール部品として使われることがあります。

②樹脂材料（プラスチック）

樹脂材料には、ナイロン、PTFE（テフロン）、塩化ビニル、エポキシ、ウレタンなど、様々な性質のものが開発されています。一般に、大

図2-18 樹脂製品の例（歯車）

量生産に適した材料であり、様々な工業製品に使われています（図2-18）。また、PTFE（テフロン）は、摩擦係数が小さいため、運動部のシール材料として使われることがあります。

③FRP材料

　FRPは、ガラス繊維を樹脂で固めたものであり、一般の樹脂材料と比べて強度が高く、しかも金属材料よりも軽いという特徴があります。また、適切な型を作れば、曲面の加工も比較的容易です。FRPを使いこなすことができれば、様々な形状の部品を作ることができます。なお図1-10に示した魚ロボットの胴体はFRPで製作されています。

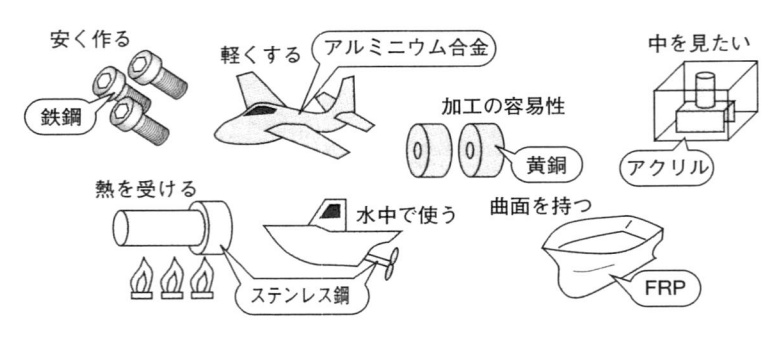

図2-19 材料選定のイメージ

（4）材料の特徴を活かした設計

　実際の設計において、機械材料を選ぶ場合、強度、重量、周囲の状態（温度、水分など）、部品の形状と加工性、生産量と生産方法、値段などを考慮して決定します。材料選定のイメージを**図2-19**に示しておきます。

考えてみよう！

【問2-1】機械を壊れにくくする方法を10項目あげてみましょう。

【問2-2】機械設計において安全率が必要な理由を考えてみましょう。また、安全率を高くした機械設計の利点と問題点、安全率を低くした（1に近づけた）機械設計の利点と問題点を考えてみましょう。

【問2-3】安全な機械を設計するための方法を5項目あげてみましょう。

【問2-4】最近開発されているセラミックス材料は、通常の金属材料と比べて、耐熱性、耐食性、耐摩耗性が高いこと、熱膨張が小さいことなどの優れた特徴があります。そのような特徴を活かしたセラミックス材料の利用方法について考えてみましょう。

【問2-5】身の回りの機械の材料を調べ、なぜそのような材料が使われているの考えてみましょう。

第3章

機械加工と設計

　機械設計においては、機械の構造や機械要素についての知識だけでなく、機械加工の知識も必要になります。機械加工の方法を知らなければ、機械の構造や部品の形状を決めることはできません。また寸法精度は機械設計において決定されますが、製作の手間を減らすためには必要以上に高い精度を指定してはいけません。本章では、機械加工の概要および寸法精度について考えてみましょう。

3-1 ● 機械加工の種類と特徴

　機械加工は、大学や工業高校の機械実習工場などの教育現場から、機械製品を生産のため機械工場に至るまで様々な場所で行われています。その加工法は設備の規模などによって異なりますが、以下では機械加工の最も基本となる単品製作の切削加工を中心に紹介します。

(1) 機械加工法

　機械加工法は、切削加工、付加加工および塑性加工の3種類に大きく分けられます。図3-1に示す切削加工は、材料から不要な部分を削りとる加工であり、代表的な加工として旋盤加工やフライス加工、ドリル加工などがあります。切削加工は、製作コストや製作時間の観点から大量生産には適していません。しかし切削加工だけでも、かなり複雑な機械を作ることができますので、最も基本となる加工法と言えます。付加加工は、材料に別の材料を付け加える加工であり、代表的な加工として図3-2に示す溶接やロウ付けがあります。塑性加工は、材料を削ったり、新たな材料を付け加えたりすることなく、材料の展延性を利用した加工です。塑性加工の代表的な加工として曲げ加工や絞り加工などのプレス加工（図3-3）があります。

　どのような加工法を用いるかは機械加工の設備や製作する機械の数な

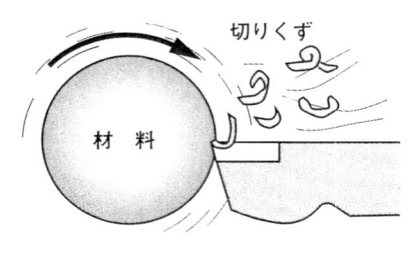

図3-1　旋盤加工（切削加工の例） 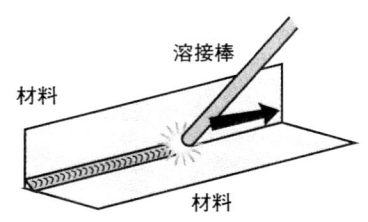　　図3-2　溶接加工（付加加工の例）

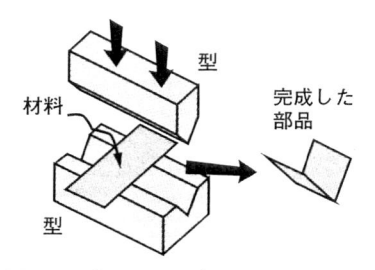

図3-3　プレス加工（塑性加工の例）

どによって異なります。また、それぞれの加工法にはそれぞれに適した部品形状があります。機械設計においては、これから設計する機械がどのような加工法で作られるのかをしっかりと把握しておかなければいけません。

（2）旋盤加工と設計
①旋盤加工の概要

図3-4(a)に示す旋盤は、円柱状の材料を回して、それにバイトと呼ばれる刃ものを当てて、材料を削る工作機械です。図3-4(b)に示すように、材料を旋盤のチャックに固定して回転させます。そして、バイトの位置を前後方向および左右方向に動かし、バイトの先端を材料に当てて削っていきます。

(a) 旋盤の外観 　　　　(b) 材料の固定

図3-4　旋盤

大量生産と単品生産

　実際の機械製品を作る場合、多くの切りくずを出すことは好ましくありません。材料コストが増え、さらに加工時間も増えるためです。そのため、大量生産品を作る場合には、切削加工よりもプレス加工が好まれます。しかし、プレス加工は、一対の型に対して一種類の形状の部品しか作ることができませんので、実験装置などの単品製作には適していません。一方、切削加工は旋盤とフライス盤があれば、様々な形状の部品を作ることができるので、実験装置などの単品製作に適しています。

②バイトの形状と旋盤加工

　図3-5は旋盤加工で使われる代表的なバイトです。図3-5(a)は旋盤加工で最もよく使われる右片刃バイトであり、図3-6に示すように円柱材料の外面（曲面）と端面（平面）を削ることができます。旋盤加工において、右片刃バイトは最も扱いやすいので、右片刃バイトだけで加工できる形状は最も加工しやすい形状です。したがって機械設計においては、可能な限り右片刃バイトだけで加工できる形状とするのが望ましいと言えます。なお普通の旋盤は材料の左側をチャックで固定するので、右片刃バイトでは材料の右側の端面しか加工できません。

　図3-5(b)の突切りバイトは、材料を切り落としたり、円周方向の溝を

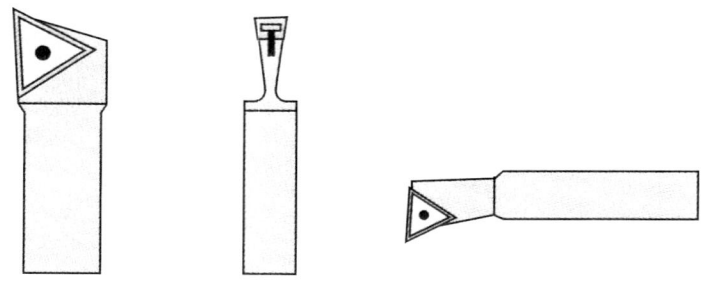

(a) 右片刃バイト　　(b) 突切りバイト　　(c) 中ぐりバイト

図3-5　旋盤加工に用いる代表的なバイト

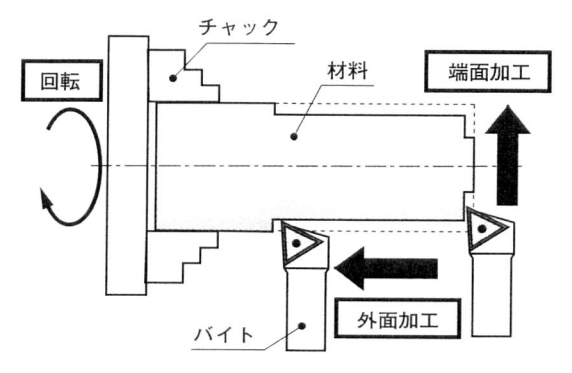

図3-6　右片刃バイトを使った旋盤加工

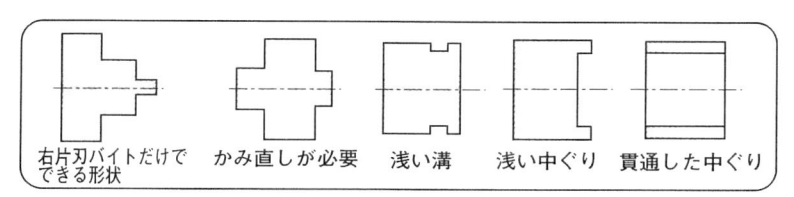

(a) 加工しやすい形状

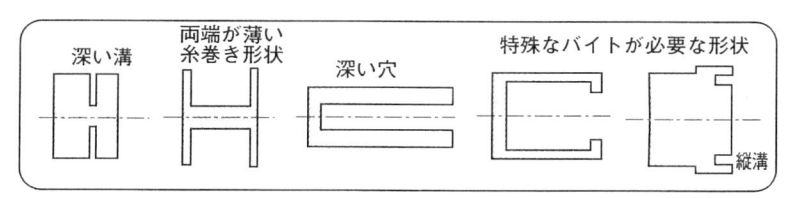

右片刃バイトだけでできる形状　かみ直しが必要　浅い溝　浅い中ぐり　貫通した中ぐり

(b) 加工しにくい形状

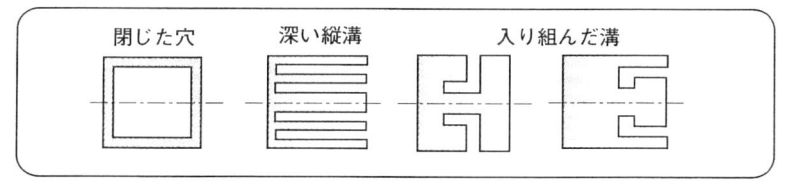

深い溝　両端が薄い糸巻き形状　深い穴　特殊なバイトが必要な形状　縦溝

(c) 加工できない形状

閉じた穴　深い縦溝　入り組んだ溝

図3-7　加工しやすい形状と加工しにくい形状

削るのに使われます。先端部分が細く、壊れやすいので、右片刃バイトと比べてやや扱いにくいバイトです。

図3-5(c)の中ぐりバイトは、円筒形状の内面を削る際に使用されます。例えば、ドリルでは加工できないような大きい穴、あるいは寸法精度が必要で滑らかな加工面に仕上げる穴の加工などに使われます。

③加工しやすい形状と加工しにくい形状

図3-7は旋盤加工で作りやすい形状と作るにくい形状の例を示しています。突切りバイトを使用する場合、溝の幅が細く、溝が深くなるほど加工しにくくなります。また、中ぐりバイトを使う場合、貫通した穴を加工するのはそれほど難しくありません。しかし、貫通していない内面の中ぐり加工は、加工中に内部を見ることができないため、やや難しくなります。さらに、直径が小さい場合（10 mm以下）や深い穴の場合の

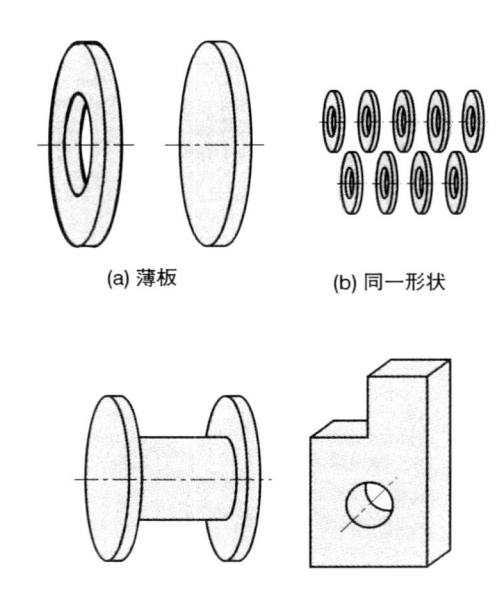

(a) 薄板　　　(b) 同一形状

(c) チャックしにくい部品

図3-8　治具を使うと便利な部品

中ぐり加工は著しく難しくなります。もちろん、図3-7(c)に示すような加工できない形状もあります。そのような場合は、機械設計時に部品を分割するなどの工夫が必要になります。

④特殊な形状の加工

図3-8に示すように、部品の形状が複雑な場合や通常の旋盤加工では製作が難しい場合、あるいは多くの同一形状の部品を製作する場合、治具（加工を補助するための道具）を使います。治具は製作者によって作られるのが普通ですが、機械設計者も加工方法についてしっかりと考えておかなければいけません。いずれにしても、旋盤では「丸い形状」しか作ることができません。設計者は以上のような旋盤の使い方をしっかりと把握しておかなければ、機械設計において適切な部品の形状を決めることができません。

（3）フライス加工と設計

①フライス盤の概要

フライス盤とは、回転している工具に、バイス（万力）に固定した材料を当てて加工する工作機械です。フライス盤には回転軸が鉛直方向にある縦フライス盤と回転軸が水平方向にある横フライス盤とがあります。一般に横フライス盤は、加工速度が速いという特徴があります。しかし工具の付け替えがやや面倒であり、製作できる部品の形状に限度があります。以下、汎用性に優れた縦フライス盤（図3-9）について説明

図3-9　フライス盤

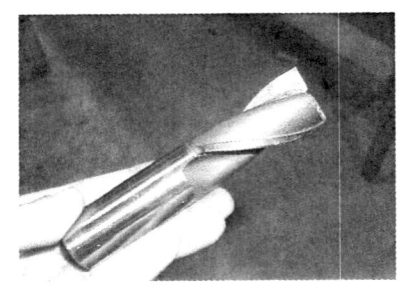

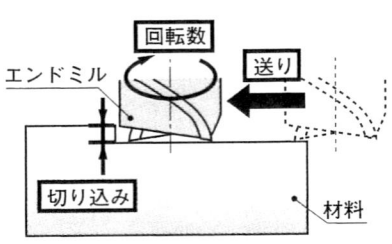

(a) エンドミル

(b) エンドミルによる切削加工

図3-10 エンドミル

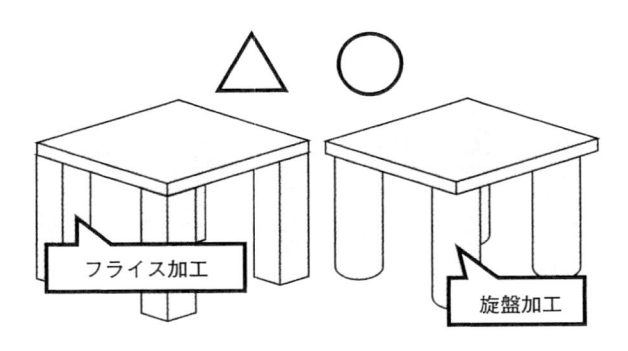

図3-11 フライス加工と旋盤加工

しっかりと固定できる　　　　　はずれやすい形状

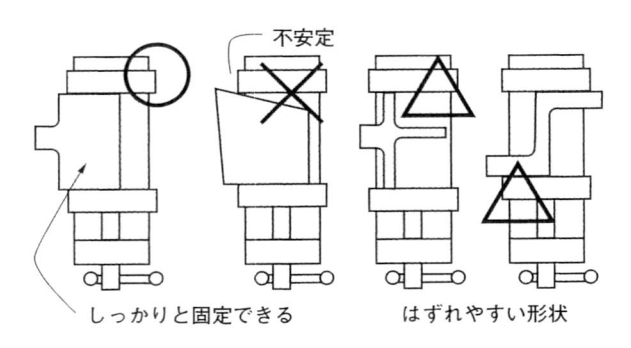

図3-12 バイスに固定しやすい形状

します。

②エンドミル

図3-10に示すエンドミルは、フライス加工の代表的な工具です。回転しているエンドミルを材料に当てて、左右方向または前後方向に材料を動かすことで平面を作るのが基本的な使い方です。エンドミルは、先端の面と側面が「刃」になっています。これを使用することで様々な形状の部品を製作できます。

③機械設計における注意点

一般に、フライス加工は旋盤加工と比べて加工速度が遅いという特徴があります。したがって、部品を製作する際にフライス盤と旋盤のどちらでも使うことができるのであれば、旋盤を使う設計とするのが望ましいと言えます（図3-11）。また、フライス加工で製作する部品は、バイス（万力）に固定しやすい形状とするのがよいと言えます（図3-12）。

（4）ドリル加工と設計

ドリルは、穴あけ加工に使用する工具であり、機械加工で最もよく使われる工具の一つです（図3-13）。先端部分が「刃」になっており、直

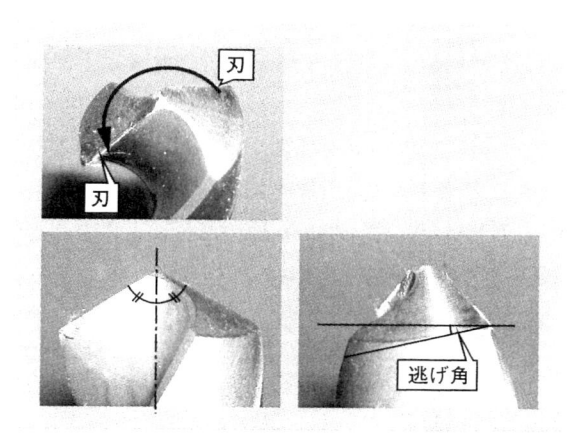

図3-13　ドリル

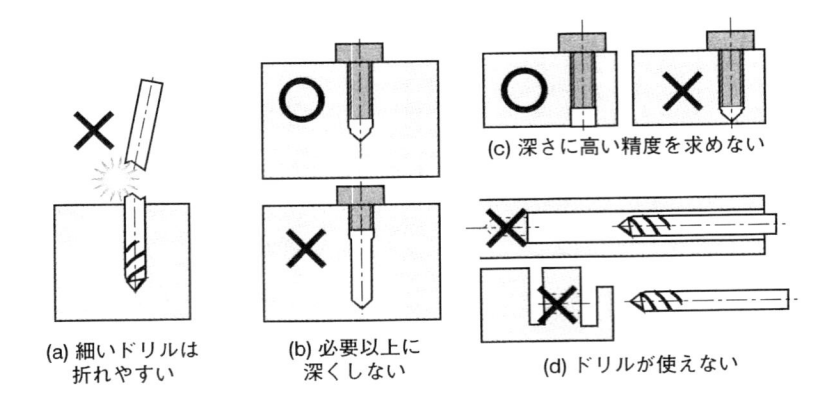

(a) 細いドリルは折れやすい
(b) 必要以上に深くしない
(c) 深さに高い精度を求めない
(d) ドリルが使えない

図3-14 ドリル加工における機械設計の注意点

径1 mm以下のものから40 mm以上のものまで様々なドリルが市販されています。金属加工に用いられるドリルは、先端の角度が約120度になっているのが普通です。

ドリル加工における機械設計の注意点として以下のことがあげられます（図3-14）。

(a) 細いドリル（直径2 mm以下）は折れやすいので、できる限り使わないようにします。

(b) 穴が深くなると加工が難しくなるので、必要以上に深い穴を指定しないようにします。

(c) 穴の深さに精度を求めるのは難しいので、板材のぎりぎりで穴を止めるなどの加工は望ましくありません。

(d) ドリルの長さ以上に深い位置や他の部分が干渉する場所など、ドリル加工ができない場所があります。

> **チェックポイント** 部品を製作する際にフライス盤と施盤のどちらでも使うことができるのであれば、施盤を使う設計とするのが望ましいと言えます。

ドリル加工と機械製図

機械製図において、ドリル加工は「キリ」と表されます（図3-15(a)参照）。すなわち、「5キリ」とあれば直径5mmのドリルを使って穴をあけることになります。また、穴の深さを指定する場合、「5キリ深サ10」などと表示します。この場合、ドリル先端のテーパ部は含まれないので注意します（図3-15(b)参照）。

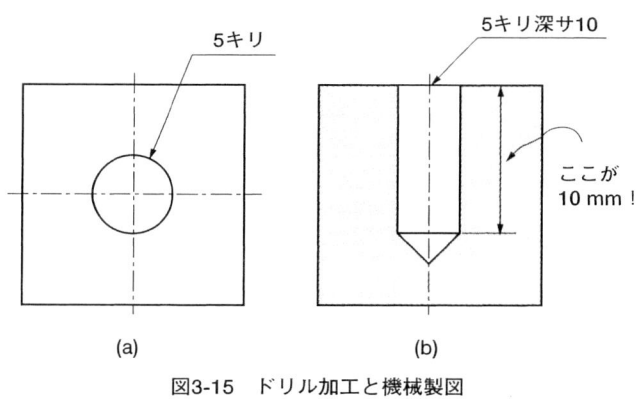

図3-15 ドリル加工と機械製図

（5）溶接加工と設計

溶接とは、金属材料同士の接合部を高温の熱によって溶かして接合する加工です。鉄鋼材料の溶接法として最もよく使われるのが、図3-16(a)に示すアーク溶接です。ステンレス鋼やアルミニウム合金の溶接には、図3-16(b)のTIG溶接などが用いられます。図3-16(c)はTIG溶接で実験用スターリングエンジン（図1-8）の部品を製作した例です。

一般に溶接加工は、熱を与えることで材料が変形してしまうため、切削加工と比べて正確な寸法に仕上げることが難しくなります。製作者の技能によりますが、一般には精度が高い部品を製作する場合に溶接加工を用いるのは好ましくありません。

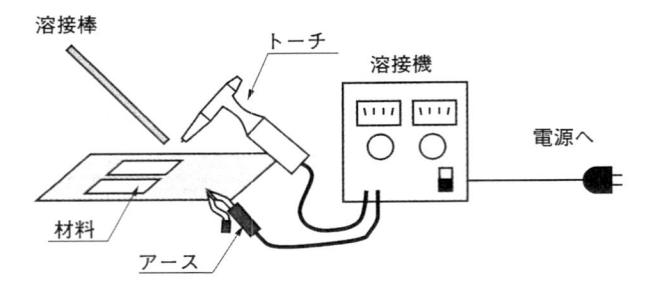

(a) アーク溶接機の構成

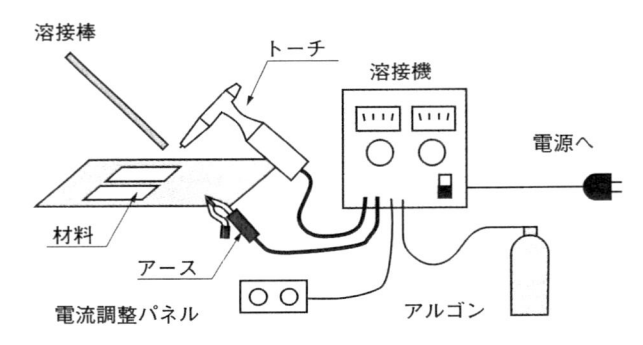

(b) TIG溶接機の構成

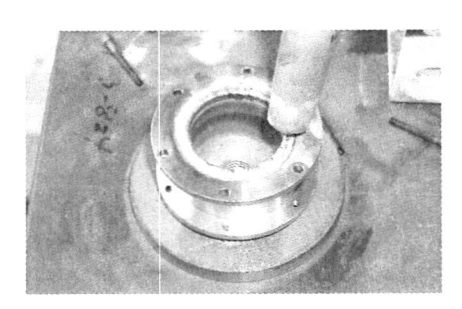

(c) TIG溶接で製作したスターリングエンジンの部品

図3-16　溶接加工

チェックポイント　溶接加工は、熱を与えることで材料が変形してしまうため、切削加工と比べて正確な寸法に仕上げることが難しくなります。

3-2 加工精度と設計

前節では機械加工について概説し、加工法を知ることで高度な設計ができることを学びました。一方、機械を適切に機能させるためには、精度の高い部品が必要になることがあります。以下、寸法精度について考えてみます。

(1) 基準寸法と寸法公差

機械設計あるいは製図において、図面に表示された寸法を基準寸法と言います（**図3-17**）。実際の機械加工では基準寸法と全く同じ寸法に仕上げることはできません。そのため、寸法に応じて、実際の寸法として許される最大値と最小値が決められています。その最大値と最小値の差を寸法公差と言います。図面に何の表示もない場合、基準寸法を中心として、許容される寸法公差内で、大きく作っても小さく作っても構わないことになります。このように、図面に何の表示もない場合の寸法公差を普通公差と呼びます。

機械設計において注意しなければいけないのは、第一に設計する部品が普通公差でよいのかを適切に判断することです。普通公差ではいけな

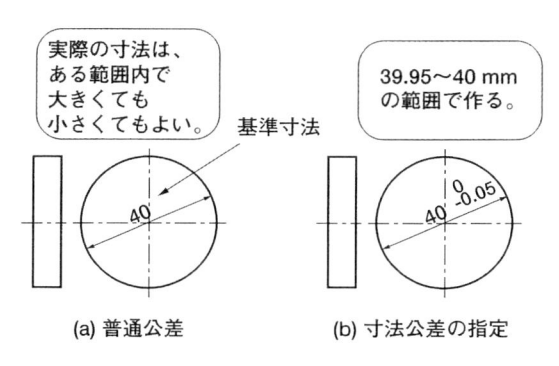

図3-17 寸法公差の例

単位：mm

公差等級	基準寸法の区分			
	3を超え 6以下	6を超え 30以下	30を超え 120以下	120を超え 400以下
	許容差			
精級	±0.05	±0.1	±0.15	±0.2
中級	±0.1	±0.2	±0.3	±0.5
粗級	±0.3	±0.5	±0.8	±1.2

(JIS B 0405)

表3-1　普通公差の例

い場合、部品の寸法を大きくしなければいけないのか、あるいは小さくしなければいけないのかを判断します。さらに、どの程度の精度が必要なのかを判断します。高い精度を要求するほど、製作が難しくなるので、精度の決定には細心の注意を払い、必要以上に高い精度を要求しないようにします。

表3-1は普通公差の例を示しています。具体的な数値を覚えておく必要はありませんが、最低限、これらのオーダーだけは頭に入れておきたいものです。すなわち、基準寸法が30〜120 mmの場合、中級の欄では±0.3 mmの寸法公差、精級の欄では±0.15 mmの寸法公差です。

> **チェックポイント** 機械設計において注意しなければいけないのは、第一に設計する部品が普通公差でよいのかを適切に判断することです。

(2) はめあい

機械部品では軸と軸受などのように、軸と穴とをはめ合わせて使用することがあります。そのような関係を「はめあい」と呼びます。もちろん、軸の直径が穴の直径より小さくなければ組み立てることができません（**図3-18**）。逆に、軸の直径が軸受の直径よりも小さすぎると軸受は適切に機能しません。したがって、このような軸や穴には、適度なはめあいが必要になります。はめあいの記号やその許容寸法はJISによって細かく決められています（**表3-2**参照）。

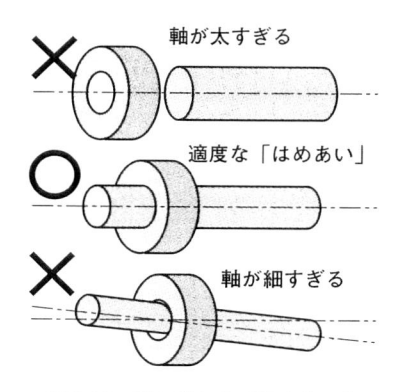

図3-18 軸と穴との「はめあい」

単位：mm

はめあいの程度	記号	許容寸法	基準寸法8mm		基準寸法25mm		基準寸法60mm	
			穴の直径	軸の直径	穴の直径	軸の直径	穴の直径	軸の直径
ゆるい	H9/e9	最大	8.036	7.975	25.052	24.960	60.074	59.940
		最小	8	7.939	25	24.902	60	59.866
適度	H8/f7	最大	8.022	7.987	25.033	24.980	60.046	59.970
		最小	8	7.972	25	24.959	60	59.940
きつい	H7/g6	最大	8.015	7.995	25.021	24.993	60.030	59.990
		最小	8	7.986	25	24.980	60	59.971
かなりきつい	H7/p6	最大	8.015	8.015	25.021	25.022	60.030	60.032
		最小	8	8.006	25	25.009	60	60.013

(JIS B 0401)

表3-2　はめあいの一例

はめあい（寸法公差）が必要ないくつかの例を紹介します。

①軸と穴のはめあい

図3-19(a)はロボットの関節部分をイメージした図面です。部品1及び部品2の穴に軸が入る場合、穴の直径をプラス公差（リーマ加工）に、軸の直径を基準寸法よりも小さくします。また、部品1のくぼみに部品2が入るので、くぼみ部分の寸法を基準寸法よりも大きく、部品2の寸法を基準寸法よりも小さくしています。なお、歯車や継手などの市販されている機械部品の穴は、既にプラス公差で作られているのがほとんどです。

②軸受の取り付け

(a) 魚ロボットの関節

(b) 軸受の取り付け

(c) Oリング溝　　(d) ワンウェイクラッチの取り付け

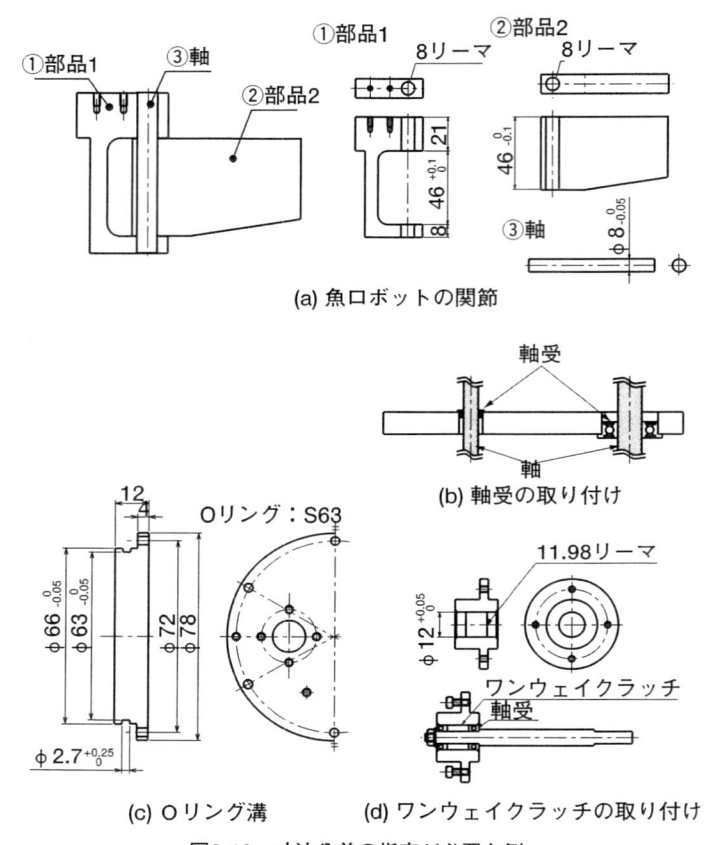

図3-19　寸法公差の指定が必要な例

　あらゆる機械において、多くの場合、回転する軸に軸受（ベアリング）が用いられます。様々な寸法の軸受が規格化され市販されています。通常、軸受の外径は基準寸法よりも小さく作られています。軸受を取り付ける穴は基準寸法よりも大きくしなければいけません。一方、軸受の内径は基準寸法よりも大きく作られているのが普通です。軸受の中を通る軸は基準寸法よりも小さくする必要があります（**図3-19(b)**）。

③Oリング溝

　Oリングとは気体や液体のシールに使う機械部品です（第7章参照）。

寸法公差と機械加工

寸法公差についてはJISによって細かく決められています。しかし、筆者自身が機械部品を設計して加工する場合、JISに従った図面を使うことはあまりありません。

図3-20は筆者が加工の際に使用する部品図の例です。下の図は容器であり、上の図はそのフタです。容器にフタがはまるようにするためには、容器の内径を基準寸法より大きくし、フタの外径を基準寸法よりも小さくしなければいけません。見習ってはいけない例ですが、重要なことは、普通公差の寸法でよいのか、大きく作るべきなのか、小さく作るべきなのかを判断することであると考えています。

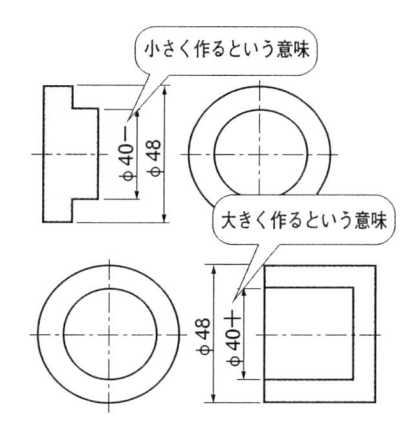

図3-20　最低限の情報を表示した寸法公差の例

Oリングを正しく機能させるためには、Oリングを取り付ける溝を適切な寸法公差で仕上げなければいけません（**図3-19(c)**）。必要とされる寸法公差は、Oリングのカタログに記載されています。

④ワンウェイクラッチの取り付け

やや特殊ですが、穴をマイナス公差に仕上げる必要があることもあります。例えば、ワンウェイクラッチは、軸受と同じような形状をしていますが、中の軸は一方向だけに回転できる構造となっています（8-3節

参照)。これを正しく機能させるためには、ワンウェイクラッチの外輪と穴とがしっかりと固定されていなければいけませんので、ワンウェイクラッチを取り付ける穴をマイナス公差で仕上げる必要があります。**図3-19(d)**の例では、直径11.98 mmのハンドリーマで穴を仕上げました。

(3) 表面粗さ

表面の凹凸をマイクロメートルの単位で測り、それを数値で表したものを「表面粗さ」と言います。寸法公差と同様、必要以上に高い表面粗さを指定するのは避けなければいけません。

例えば、**図3-21(a)**のようにOリングでシールする表面は滑らかに仕上げる必要があります。表面が粗いとOリングを脱着する際、Oリングを傷つけてしまい、シール性能を損なうためであります。また、**図3-21(b)**のように部品同士が摺動する箇所も表面を滑らかに仕上げる必要があります。

(4) 機械加工と基準面

前述の通り、基準寸法と全く同じ寸法の部品を作ることはできません。そのため、機械加工においては、部品のどの面を基準にして長さや位置

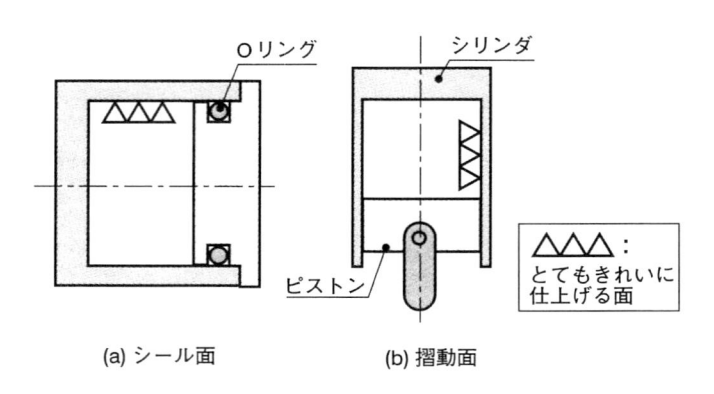

図3-21 滑らかな表面仕上げが必要な例

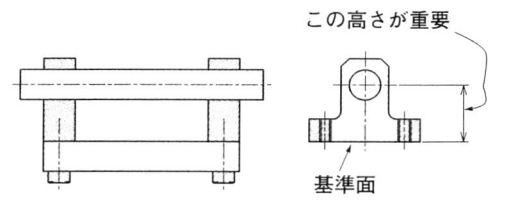

図3-22 軸を入れる穴

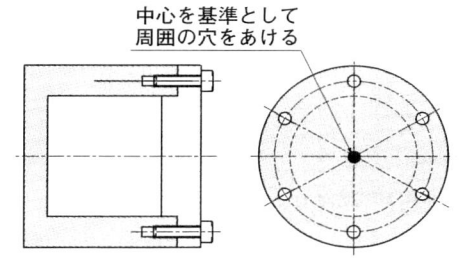

図3-23 フランジの穴

を決めるかが重要です。そのような基準の面を「基準面」と言います。基準面の選び方を間違えると、加工誤差が積み重ねられ、最終的に組み立てることができない部品を作ってしまうこともあります。どの寸法が重要であるのか、そして基準面をどこにとるのかをしっかりと考えるように心がけます。

　基準面のとり方は部品の形状や使用方法によって様々です。一概には言えませんが、板材を組み立てる場合、他の部品と接触する面を基準面とするようにします（**図3-22**）。また、円周上に穴をあける場合などは、円の中心を基準位置とすることもあります（**図3-23**）。

> **チェックポイント**　機械加工においては、部品のどの面を基準にして長さや位置を決めるかが重要です。

3-3 機械加工を考えた設計

　機械設計においては、機械を設計することだけを目的とするのではなく、正しく機能する機械を完成させることを最終的な目的としなければいけません。すなわち、設計者は、常に作りやすさを考え、適切な寸法精度を考える必要があります。以下、機械加工を考えた設計についてまとめておきます（図3-24）。

　(a) 切削加工で部品を製作する場合、できる限り削る量が少なくなる形状とします。

　(b) 旋盤加工やフライス加工で機械を製作する場合、丸棒（円）と板材（長方形）を基本とします。3次元的な曲面形状は使用される工作機械が限られるので適切ではありません。

　(c) 寸法公差やはめあい、表面粗さの指定は必要最小限にします。

　(d) 大量生産品を作る場合、それぞれの機械加工法や規模に適した設

切削加工では
切りくずが少ないほどよい

必要以上の寸法精度を指定しない

丸と四角を基本と
した形状

機械加工法や規模に適した設計

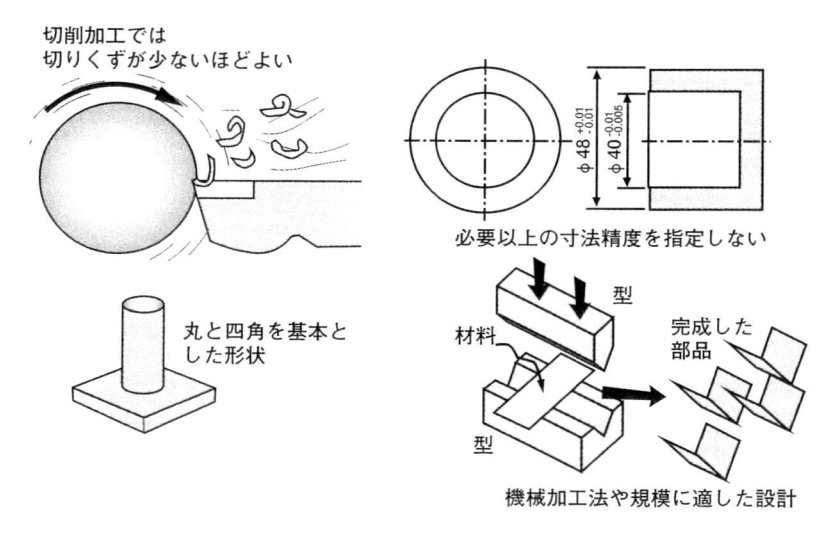

図3-24　機械加工を考えた設計

計を行うようにします。

(e) 機械製品を製作する場合、加工時間の短縮や使用する材料の節約について考えます。

考えてみよう！

【問3-1】自動車や家電機械のような大量生産と本章で紹介した旋盤加工やフライス加工を中心とした単品製作の相違を考え、それらの機械設計の要点をまとめてみましょう。

【問3-2】実際の生産現場において、高品質な製品を作り出すためには、品質管理や信頼性が重要になります。そのような工業製品を設計する場合の留意点をまとめてみましょう。

【問3-3】工業製品を低コストで生産するための方法を5項目あげてみましょう。

第4章

ねじを使う設計技術

　ねじとは、円筒や円すいの外面あるいは内面にらせん状の突起をつけたものです。これをうまく組み合わせることによって、部品を固定したり、あるいは運動させたりなど、様々なことに利用できます。ねじには様々な種類があり、JISによって詳細に規格化されています。

4-1 ねじの用途

ねじは様々な用途に使用されます。以下、それらの概要と使用例を紹介します。

(1) 部品の固定
ねじは、部品と部品を締め付けて動かないようにするために使われます（図4-1）。必要に応じて、部品の組立・分解が簡単にできることがねじの特徴の一つです。

(2) 配管の結合
水道管やガス管などを結合する際にねじが利用されることがあります

(a) 模型スターリングエンジン　　(b) 軸受や板材の取り付け

図4-1　ねじを使用している機械

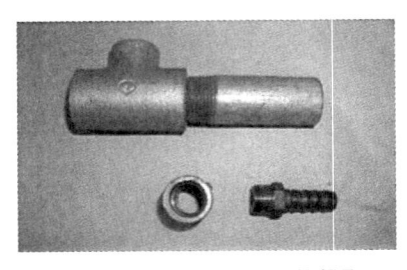

図4-2　ねじを使用した配管部品　　図4-3　マイクロメータ

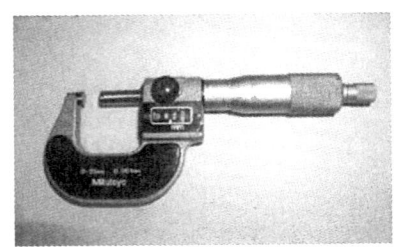

図4-4　旋盤の送りねじ　　　　図4-5　万力

（図4-2）。後述するテーパねじなどをうまく利用すれば、高圧のガスや液体をねじ部で密閉することもできます。

(3) 長さの測定

ねじは1回転当たりに決まった距離だけ進みます。その特徴を利用して、高精度な長さ測定に利用できます。図4-3に示すマイクロメータなどがその例です。

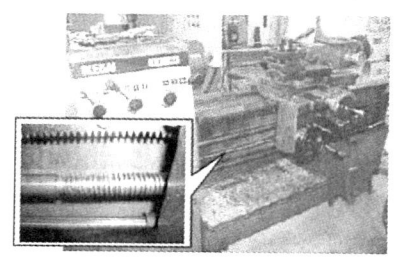

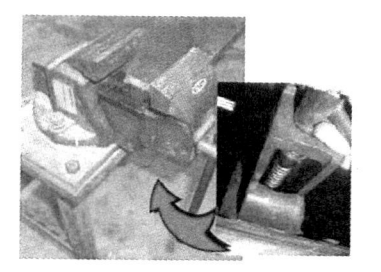

(4) 運動や動力の伝達

ねじを利用することで、回転運動を直線運動に変換することができます。図4-4に示す旋盤の送りねじなどがその例です。また、図4-5に示す万力では、小さな力を大きな力に変換して利用しています。

> **チェックポイント**　必要に応じて、部品の組立・分解が簡単にできることがねじの特徴の一つです。

4-2 ねじの種類

(1) ねじ山の形状

ねじ山の代表的な形状として、三角ねじ、角ねじおよび台形ねじの3種類があります（図4-6）。部品の締結に使われるねじのほとんどは三角

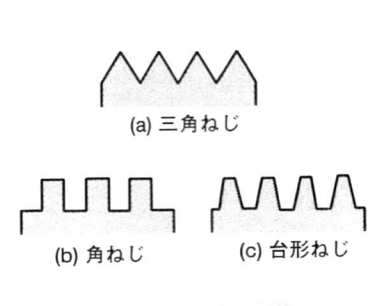

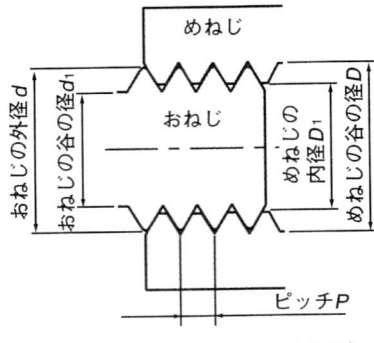

図4-6　ねじ山の形状
(a) 三角ねじ
(b) 角ねじ
(c) 台形ねじ

図4-7　おねじとめねじ（三角ねじ）
おねじの外径 d
おねじの谷の径 d_1
めねじの内径 D_1
めねじの谷の径 D
めねじ
おねじ
ピッチ P

ねじです。角ねじや台形ねじは旋盤の送りねじなど、正確な運動伝達が必要な場合などに使用されています。

(2) おねじとめねじ

　ねじ山が、円筒または円すいの外面にあるものをおねじ、内面にあるものをめねじと言います。ねじはおねじとめねじを組み合わせて使うので、それぞれの寸法が合ったものを使用しなければいけません。すなわち、図4-7に示すように、おねじの外径とめねじの谷の径が概ね等しく、おねじの谷の径とめねじの内径が概ね等しく、さらに、おねじとめねじの山の角度およびピッチ（隣り合ったねじ山の中心から中心までの距離）が等しくなければいけません。

> **チェックポイント**　ねじはおねじとめねじを組み合わせて使うので、それぞれの寸法が合ったものを使用しなければいけません。

(3) 平行ねじとテーパねじ

　図4-8に示すように、円筒の外面または内面に作られたねじを平行ねじ、円すいの外面または内面に作られたねじをテーパねじと言います。通常の機械部品に使われるねじのほとんどは平行ねじです。テーパねじは、水道管やガス管などの配管に使われることがあります（図4-2参照）。

(a) 平行ねじ　　(b) テーパねじ

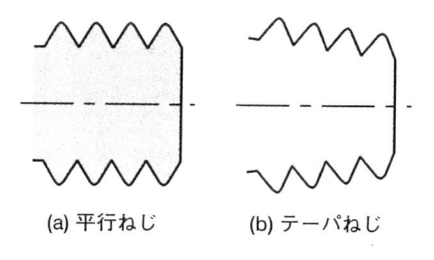

図4-8　平行ねじとテーパねじ

条数とリード

　一般に使われているねじは、1回転にピッチの分だけ進みます。これは1ピッチの間に1条のらせんがあるためであり、これを一条ねじと言います（図4-9(a)）。この場合、ねじを1回転させたときに進む距離として定義されるリードは、ピッチに等しくなります。一方、1ピッチの間に二条あるいは三条のらせんがあるねじもあります（図4-9(b)）。これを多条ねじと言い、この場合のリードはピッチの条数倍となります。

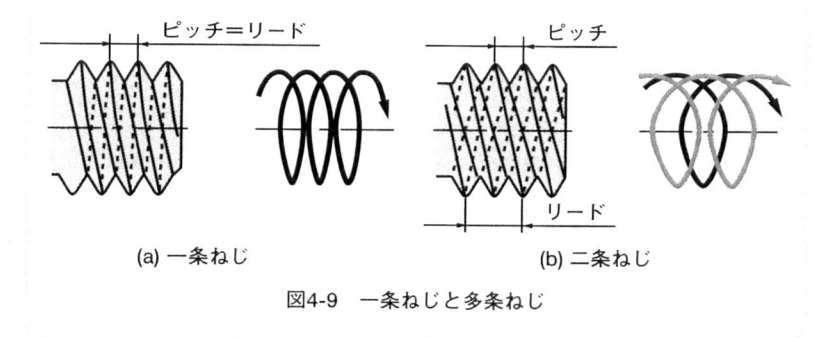

ピッチ＝リード　　　　　　　ピッチ

リード

(a) 一条ねじ　　　　　　(b) 二条ねじ

図4-9　一条ねじと多条ねじ

（4）右ねじと左ねじ

　一般に使われているねじは、右に回転させると前に進みます。これを右ねじと言います（図4-10(a)）。一方、用途によっては左に回転させて前に進むねじもあります。これを左ねじ（あるいは逆ねじ）と言います（図4-10(b)）。左ねじが使われている例としては、図4-11(a)に示すような

(a) 右ねじ　　　　　　　　　(b) 左ねじ

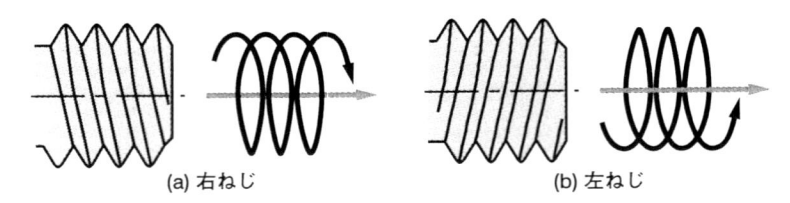

図4-10　右ねじと左ねじ

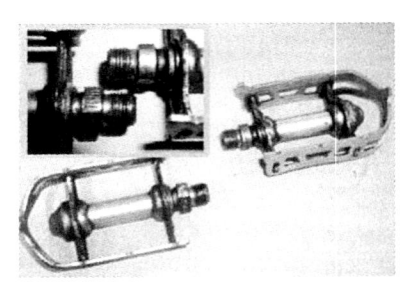

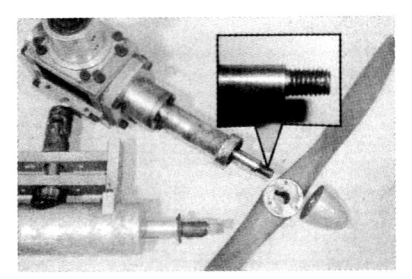

(a) 自転車のペダル　　　　　(b) 船のスクリュープロペラ

図4-11　左ねじを使う例

自転車のペダルがあります。右側のペダルは通常の右ねじですが、左側のペダルは左ねじになっています。これは、自転車を漕ぎ始める際、強い力がペダルに加えられますが、その時にねじが緩まないようにするためです。同様の理由により、模型船のスクリュープロペラを止めるねじに左ねじを使用することがあります（図4-11(b)）。

チェックポイント　一般に使われているねじは、右に回転させると前に進みます。これを右ねじと言います

（5）ねじの規格

代表的なねじの規格として、メートルねじ（記号M）、管用平行ねじ（記号G）、管用テーパねじ（記号Rc）、ユニファイねじ（記号UNC、UNF）などがあります（表4-1）。通常、機械に使われるのはメートルねじです。さらに細かく見ると、メートルねじには並目ねじと細目ねじが

規格	記号	例
メートル並目ねじ	M	M3
メートル細目ねじ	M（ピッチを併記）	M3×0.35
ユニファイ並目ねじ	UNC	3/4-10UNC
ユニファイ細目ねじ	UNF	1/2-20UNF
管用平行ねじ	GR	G1/2
管用テーパねじ	Rc	Rc3/4

表4-1　ねじの規格と記号

ねじの規格を調べる

　ねじはおねじとめねじを組み合わせて使用されます。その際、ねじの規格が合っていなければいけません。ほとんどの場合、ねじの外径（めねじの場合は内径）とピッチがわかれば、その規格を推測できます。外径（内径）はノギスなどで簡単に測ることができます。そして、ピッチを測るためには図4-12(a)に示すピッチゲージを使用します。ピッチゲージをねじ山に当てて、最も隙間がないピッチを見つけます（図4-12(b)）。なお、ピッチゲージが手元にない場合、ノギスなどで5個分（あるいは10個分）のねじ山の長さを測ることで大まかなピッチを求めることができます（図4-12(c)）。

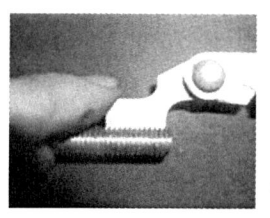

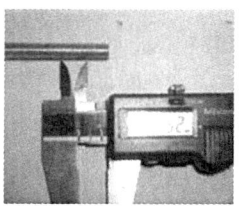

（a）ピッチゲージ　　（b）ピッチゲージの使用例　　（c）ノギスによる測定

図4-12　ねじの規格を調べる方法

あり、機械の分野ではメートル並目ねじが最も一般的です。メートル細目ねじはそれよりもピッチが細かいねじです。なお、ユニファイねじが使われている身近な例としては、カメラを三脚に止めるねじ（通称カメラねじ、1/4-20 UNC）などがあります（図4-13）。

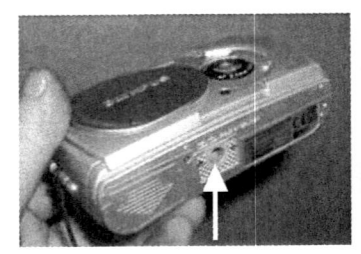

図4-13 ユニファイねじが使われている例

4-3 メートル並目ねじ

　一般の機械において、部品の固定に使われているねじのほとんどはメートル並目ねじです。以下、メートル並目ねじの規格と実際の機械に使われる主なねじ部品を紹介します。

(1) メートル並目ねじの規格
　表4-2は、JISで規格化されている主要なメートル並目ねじの詳細を示

ねじの呼び	ピッチP	めねじ	
		谷の径D (mm)	内径D_1 (mm)
		おねじ	
		外径d (mm)	谷の径d_1 (mm)
M2	0.4	2	1.567
M3	0.5	3	2.459
M4	0.7	4	3.242
M5	0.8	5	4.134
M6	1	6	4.917
M8	1.25	8	6.647
M10	1.5	10	8.376
M12	1.75	12	10.106

表4-2　メートル並目ねじ

しています。メートルねじは、ねじ山の角度が60°の三角ねじです。メートルねじの規格を表すのに最も基本となるのが「ねじの呼び」であり、メートルねじの記号「M」とおねじの外径で表されます。例えば、外径が5mmのメートルねじは「M5」となります。メートルねじには並目ねじと細目ねじがありますが、特別な表記がない場合はメートル並目ねじを表しています。

なお、**表4-2**には、使用する際の優先順位が高いねじだけを載せています。JISにはM3.5やM7、M9といったメートル並目ねじの規格もありますが、通常は使用しません。

> **チェックポイント** メートルねじには並目ねじと細目ねじがありますが、特別な表記がない場合はメートル並目ねじを表しています。

（2）メートル並目ねじの下穴径

メートルねじのめねじを加工する際、最初に適当な直径の下穴をあけ、これにタップによりねじ切り加工を行います（**図4-14**参照）。下穴が大きすぎると、めねじの谷が浅くなり強度が低くなります。逆に下穴が小さすぎると、ねじ切り加工が難しくなります。下穴の直径の求め方についてはJISによって詳細に定められていますが、おおよその下穴の直径Dは、おねじの外径d（ねじの呼びに対応するおねじの外径の基準寸法）からピッチPを引いた直径として求められます。

$$D = d - P \tag{4-1}$$

$$\boxed{\text{下穴の直径}＝\text{ねじの呼び}－\text{ピッチ}}$$

表4-3は、式(4-1)から主なメートル並目ねじの下穴径を求めた結果であり、これらの値を目安として考えておくとよいでしょう。なお、ステンレス鋼のような削りにくい材料にねじを切るとき、標準よりもやや大きい下穴をあけることがあります。

ねじの呼び	下穴径 D (mm)
M2	1.6
M3	2.5
M4	3.3
M5	4.2
M6	5.0
M8	6.8
M10	8.5
M12	10.3

表4-3 メートル並目ねじの下穴径

(3) 実際に使用するねじ部品

機械設計では、目的にあったねじを選択しなければいけません。そのためには、どのようなねじ部品があるのか、そして、それらの特徴をしっかりと把握しておく必要があります。以下、規格化されている代表的なねじ部品を紹介します。

①六角ボルト

一般の機械や自動車、バイクなどによく使われているのが、**図4-14(a)**に示す六角ボルトです。六角ボルトの締め付けにはスパナを使用します(**図4-14(b)**)。機械設計においては、締め付けるときや緩めるときのスパ

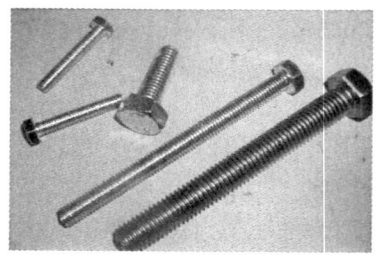

(a) 六角ボルト　　　　　　　(b) スパナによる締め付け

図4-14　六角ボルト

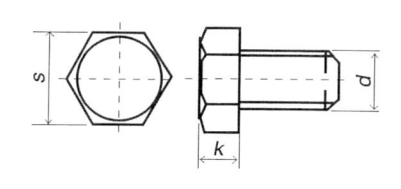

ねじの呼び	直径d (mm)	頭部厚さk (mm)	六角の二面幅S(mm)
M2	—	—	—
M3	3	2	5.5
M4	4	2.8	7
M5	5	3.5	8
M6	6	4	10
M8	8	5.5	13
M10	10	7	17
M12	12	8	19

表4-4 六角ボルトの寸法

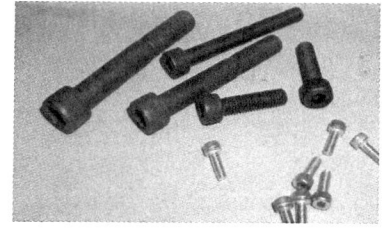

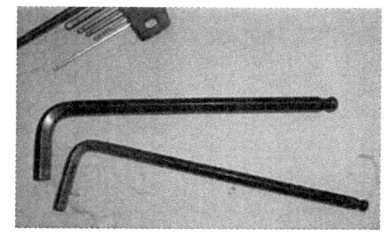

(a) 六角穴付きボルト   (b) 六角レンチ

図4-15 六角穴付きボルト

ナの取り扱いやすさを考える必要があります。それぞれの六角ボルトに使用するスパナ寸法（六角の二面幅）は**表4-4**に示す通りです。

②六角穴付きボルト

図4-15(a)に示す六角穴付きボルトは、ボルト頭部が座ぐり穴に埋め込まれるようにしたボルトです（**図4-16**参照）。締め付けには六角棒スパナ（通称：六角レンチ、アーレンキ）と呼ばれる工具を使用しますが（**図4-15(b)**）、組立性に優れ頭部が損傷しにくいため、最近の機械でよく使われています。**表4-5**に六角穴付きボルトの主要寸法を示します。

③十字穴付きなべ子ねじ（子ねじ）

図4-17に示す十字穴付きなべ子ねじは、比較的小さい機械に使われています。締め付けには、いわゆるプラスドライバを使用します。ねじ頭部が損傷しやすいため、強い締め付け力が必要な場所には適していません。

座ぐり穴の加工

ねじ頭部を材料に埋め込むための穴を座ぐり穴と言います（図4-16）。座ぐり穴を加工する際には、座ぐり用のドリルやエンドミルを使用します。図4-15に示した六角穴付きボルトにおいて、座ぐり穴の寸法は、M3の場合、直径6mm、深さ3.5mm程度、M4の場合、直径8mm、深さ4.5mm程度です。

図4-16　座ぐり

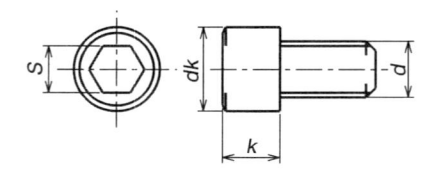

ねじの呼び	直径d (mm)	頭部外径dk (mm)	頭部厚さk (mm)	六角の二面幅S (mm)
M2	2	3.98	2	1.5
M3	3	5.68	3	2.5
M4	4	7.22	4	3
M5	5	8.72	5	4
M6	6	10.22	6	5
M8	8	13.27	8	6
M10	10	16.27	10	8
M12	12	18.27	12	10

表4-5　六角穴付きボルトの寸法

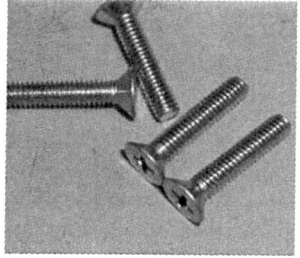

図4-17 十字穴付きなべ子ねじ　　図4-18 十字穴付き皿子ねじ　　図4-19 六角穴付き止めねじ

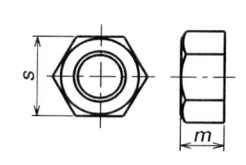

ねじの呼び	高さ(mm)	六角の二面幅S(mm)
M2	1.6	4
M3	2.4	5.5
M4	3.2	7
M5	4	8
M6	5	10
M8	6.5	13
M10	8	17
M12	10	19

表4-6　六角ナット

④十字穴付き皿子ねじ（皿ねじ）

　図4-18に示す十字穴付き皿子ねじ（通称：皿ねじ）は、図4-16の座ぐりと同様、ねじ頭部を部品に埋め込む際に使用されます。部品には、ねじ頭部の傾きにあった円すい状の皿加工を施します。皿ねじは、座ぐり穴をあけることができないような、薄い部品を使う場合に適しています。

⑤六角穴付き止めねじ（イモネジ）

　図4-19に示す六角穴付き止めねじ（通称：止めねじ、イモネジ）は、軸などの部品に別の部品を横方向から固定する場合に使用されます。

⑥六角ナット

　図4-20に示す六角ナットは上述のボルトや子ねじと合わせて部品の固定に利用されます。表4-6に六角ナット（1種）の主要寸法を示します。

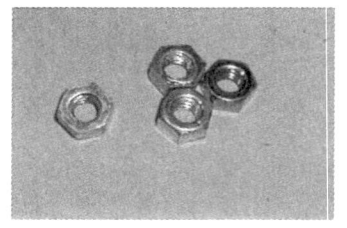

図4-20　六角ナット 　　　　　図4-21　平座金

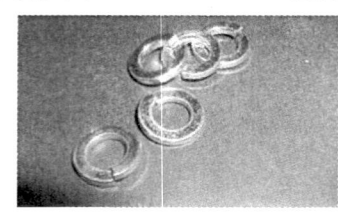

図4-22　ばね座金

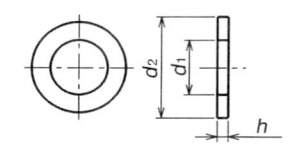

ねじの呼び	内径d_1 (mm)	外径d_2 (mm)	厚さh (mm)
M2	2.2	5	0.3
M3	3.2	7	0.5
M4	4.3	9	0.8
M5	5.3	10	1
M6	6.4	1	1.6
M8	8.4	16	1.6
M10	10.5	20	2
M12	13	24	2.5

表4-7　平座がねの主な寸法

⑦平座金（平ワッシャ）

　図4-21に平座金（通称：平ワッシャ）の外観、表4-7に平ワッシャ（並形）の主な寸法を示します。平ワッシャをボルト、ナットなどの座面と締め付け部の間に入れることで、部品にかかる応力を低減できるので、部品の損傷を防ぐことができます。またボルトの通し穴が大きい場合などは、ボルトのすわりをよくすることができます。

⑧ばね座金（スプリングワッシャ）

　図4-22に、ばね座金（通称：スプリングワッシャ）の外観、表4-8に

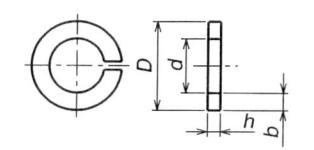

ねじの呼び	内径d (mm)	外径D (mm)	幅b×厚さh (mm)
M2	2.1	4.4	0.9×0.5
M3	3.1	5.9	1.1×0.7
M4	4.1	7.6	1.4×1
M5	5.1	9.2	1.7×1.3
M6	6.1	12.2	2.7×1.5
M8	8.2	15.4	3.2×2
M10	10.2	18.4	3.7×2.5
M12	12.2	21.5	4.2×3

表4-8 ばね座がねの主な寸法

スプリングワッシャの主な寸法を示します。ばね座金は、平座金と同様、ボルトやナットなどの座面と締め付け部の間に入れ、主として緩みにくくする働きをします。

水にねじを切る

　ねじは円筒や円すいの外面あるいは内面にらせん状の突起をつけたものであり、ねじを回転させることで進んでいきます。同様の原理で水にねじを切っているのが、船舶のスクリュープロペラです。スクリュープロペラは単なる平板が回っているのではなく、図4-23に示すように、らせん状の板が回っています。スクリュープロペラの全ての面が1回転で同じ距離だけ進むようにするため、回転軸に近いほど急な角度になっています。

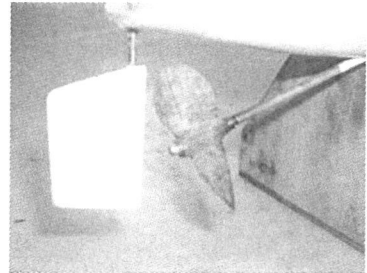

(a) 模型ボート　　　　　　　　(b) スクリュープロペラ

図4-23　スクリュープロペラ

ねじ切り加工
①タップとダイス

比較的小さいねじを加工する場合、めねじを作るときはタップ（図4-24(a)）と呼ばれる工具を使います。めねじを作る手順としては、最初に適切な大きさ、深さの下穴をあけ、タップをゆっくりと時計回りに回してねじを切ります（図4-24(b)）。タップの先端部はとがっているため、下穴の深さぎりぎりまでねじを切ることはできません。また、タップの長さに制限があるため、タップの長さよりも深いねじを切ることはできません。設計時にはこれらの制限に注意しなければいけません（図4-25）。

おねじを切る工具は図4-26に示すダイスです。使用方法はタップの場合とほぼ同じで、ダイスを材料にまっすぐ当て、ゆっくりと時計回りに回してねじを切ります。

②旋盤によるねじ加工

ねじ切り加工は、一般にタップやダイスを使います。しかし、特殊なねじを切る場合や大きいねじを切る場合などは旋盤でねじを切ることができます。旋盤でおねじを切る場合、図4-27に示す「ねじ切りバイト」を使用します。このバイトには、先端が60度の角度に仕上げられたチップが取り付けられています。このバイトを使って、全く同じ位置を全く同じピッチ（1回転当たりに進む距離）で、何度かに分けて切り込みを深めて削っていくとねじが完成します。

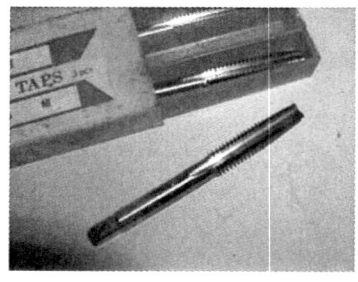

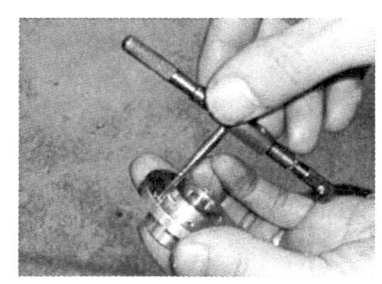

(a) タップ　　　　　　　(b) タップによるねじ切り

図4-24　タップによるねじ切り加工

③転　造

　量産されているボルトなどのねじ部品は、転造加工で作られています。転造とは、外周がねじ状の2つのダイスの間にねじ素材を挟み、ダイスに圧力を加えながら素材を回転させてねじ山を付ける加工です（図4-28）。転造されたねじは、切削されたねじと比べて、塑性変形を受けているため強度が高いのが特徴です。

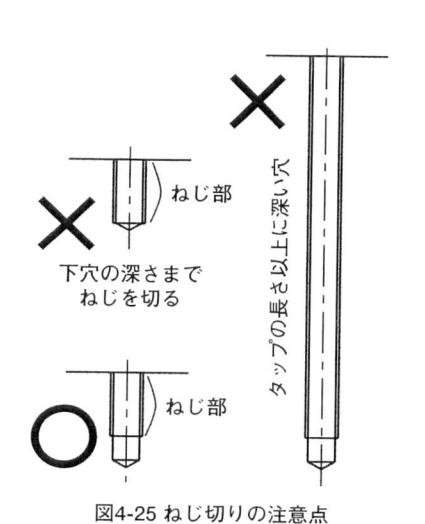

図4-16　ダイス

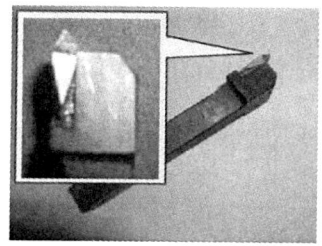

図4-25　ねじ切りの注意点

図4-27　ねじ切りバイト

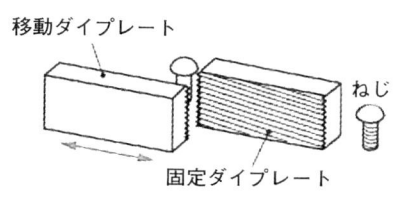

図4-28　転造加工

4-4 ねじの強度

　ねじは、締め付けるだけでも、軸方向の引張り荷重を受けます。また、使用する場所によっては、機械の運転中にさらに強い力を受けることもあります。以下、ねじの強度について考えてみます。

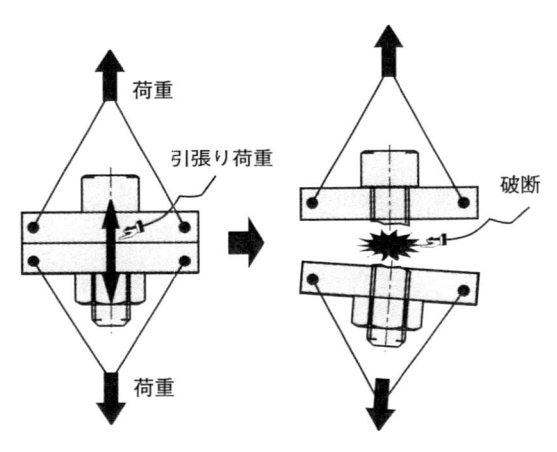

図4-29　軸方向の引張り荷重

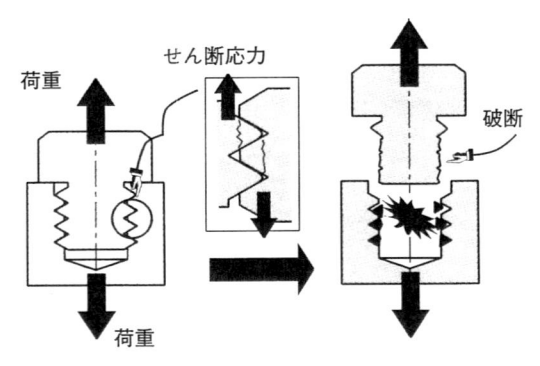

図4-30　ねじ山のせん断荷重

(1) ねじに作用する荷重とねじの破損

　ねじが軸方向の荷重を受ける場合、おねじ内部での引張り荷重およびねじ山でのせん断荷重が作用します。また、ねじが軸に垂直な荷重を受ける場合、おねじへのせん断荷重が作用します。まずは概念的にそれらの荷重について考えてみます。

①軸方向の引張り荷重

　図4-29に示すように、ねじが軸方向の荷重を受ける場合、おねじ内部での引張り荷重が生じます。引張り応力がおねじの引張り強さを越えると、おねじは破断します。また、機械設計時には、ねじを締め付けるだけでも、軸方向の引張り荷重を受けることを注意しておかなければいけません。

②ねじ山のせん断荷重

　ねじが軸方向の荷重を受ける場合、おねじとめねじが接している部分では、ねじ山にせん断荷重が生じます（図4-30）。おねじとめねじとが同じ材質の場合、おねじの方がせん断力を受ける面積が小さいので、先に壊れやすくなります。しかし、高い強度のボルトとアルミニウム合金製部品のめねじとを組み合わせる場合などは、めねじの方が壊れやすくなることもあります。

③ねじへのせん断荷重

　通常、ねじには軸と垂直方向の強いせん断荷重や曲げ荷重がかからないようにするのが機械設計の原則です。しかし、実際の機械では、せん

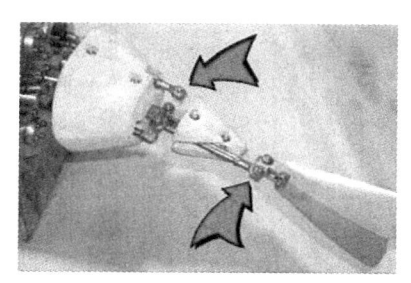

図4-31　せん断荷重がかかるねじ（魚ロボット尾部のリンク機構）

断荷重や曲げ荷重がかかる場所に、ボルトなどを使わなくてはならない状況もあります（図4-31）。そのような場合、図4-32に示すように、ねじへのせん断荷重が生じます。自動車の車輪を止めているねじのように、複数のねじでせん断荷重を分散させる場合、ねじが緩むと、1本のねじにせん断荷重が集中するため極めて危険です。

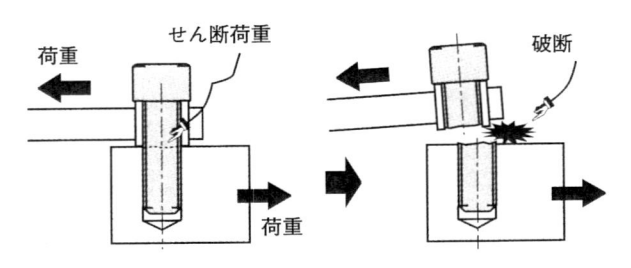

図4-32　ねじへのせん断荷重

ねじへのねじり荷重

やや特殊な例ですが、図4-33に示すように、めねじの深さが十分でない場合、おねじの先端がめねじの下穴の底に当たった状態でおねじを強く締め付けるとおねじに強いねじり荷重が生じます。タップ加工の際、タップの先端が下穴の底に当たっているのに気づかず、さらにタップを回そうとすると簡単に折れてしまいます。機械加工の初心者によくある失敗です。

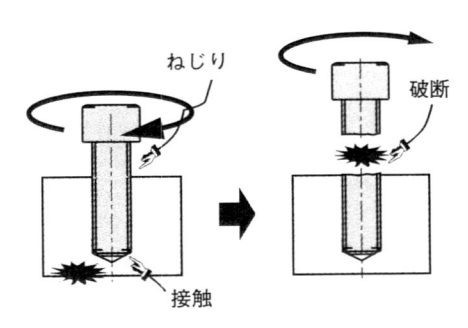

図4-33　ねじり荷重を受けるねじ

材質	引張り強さ (N/mm²)	降伏点または耐力 (N/mm²)	許容応力 (N/mm²)		特徴
			引張り	せん断	
SS400	400	245	98	78	一般的は炭素鋼、六角ボルトなどで使われている。
SCM435	980	834	255	206	強度が高い炭素鋼、六角穴付きボルトで使われている。
SUS304	520	205	184	147	ステンレス鋼、さびない。

(JIS G 3101、JIS G 4105、JIS G 4303)

表4-9 ねじに使われる材料

(2) ねじに使われる材料

表4-9は、ねじに使われる主な金属材料の強度並びに特徴を示しています。表中のSCM435は六角穴付きボルトに使われる材料であり、他の材料と比べてかなり強度が高いことがわかります。なお鉄鋼材料は熱処理の方法などにより強度が変わるので、表中の値は一つの目安として考えてください。また同表の許容応力は静的荷重の場合であり、動的荷重の場合は2/3倍、衝撃荷重の場合は1/3倍程度となります。

(3) 強度計算

図4-29、図4-30および図4-32に示したように、ねじが壊れる原因には3種類の荷重があります。しかし実際の機械において、ねじにはそれらの荷重が複雑に作用するため、詳細な強度計算を行うことは極めて難しくなります。以下、概念的な強度計算を行うため、3種類の荷重を簡易的に取り扱います。

①軸方向の引張り荷重

図4-29に示した軸方向の荷重F（N）を受けるねじでは許容応力σ_a（N/mm²）が次式を満たすようにねじを選定します。

$$\sigma_a > \frac{F}{A_s} \tag{4-2}$$

ここで、A_sはおねじの有効断面積（mm²）です。

式(4-2)を表4-2のメートル並目ねじの寸法、表4-9の各種金属材料の引張り強さ並びに許容応力に当てはめると、各ねじが破断する荷重（引

ねじの有効径

　有効断面積A_sはねじの有効径を基準とした断面積です。有効径とはねじ山の幅がねじ溝の幅と等しくなるような仮想的な円筒の直径です。メートルねじの有効径はJISによって決められていますが、ここでの詳細な説明は省略します。以下の計算例では、有効径よりもやや小さいおねじの谷の径を基準としました。そのため、荷重は安全側に計算されます。強度計算で重要なことは、計算結果が安全側なのか危険側なのかを把握しておくことです。

ねじの呼び	限界の荷重 (N)								
	SS400			SCM435			SUS304		
	引張り強さ (400N/mm²)	耐力 (254N/mm²)	許容応力 (98N/mm²)	引張り強さ (980N/mm²)	耐力 (834N/mm²)	許容応力 (255N/mm²)	引張り強さ (520N/mm²)	耐力 (205N/mm²)	許容応力 (184N/mm²)
M2	771.4	472.5	189.0	1890.0	1608.4	491.8	1002.8	395.3	354.9
M3	1899.6	1163.5	465.4	4654.1	3960.7	1211.0	2469.5	973.6	873.8
M4	3302.0	2022.5	809.0	8089.9	6884.6	2105.0	4292.6	1692.3	1518.9
M5	5369.0	3288.5	1315.4	13154.0	11194.3	3422.7	6979.7	2751.6	2469.7
M6	7595.4	4652.2	1860.9	18608.7	15836.4	4842.1	9874.0	3892.6	3493.9
M8	13880.4	8501.7	3400.7	34006.9	28940.6	8848.7	18044.5	7113.7	6385.0
M10	22040.6	13499.8	5399.9	53999.4	45954.6	14050.9	28652.7	11295.8	10138.7
M12	32085.4	19652.3	7860.9	78609.3	66898.2	20454.5	41711.1	16443.8	14759.3

表4-10　ねじの強度

張り強さに対応する荷重)、使用に不具合が生じる荷重（耐力または降伏点に対応）や実際に使用可能な荷重（許容応力に対応）が求められます。**表4-10**に有効断面積A_sをおねじの谷の径d_1を基準とした断面積に置き換えて計算した結果を示します。これより、1本のM3のねじ（SS400）では、465 N（47 kgf）程度の荷重まで使用でき、約1164 N（119 kgf）の荷重で不具合が生じ、約1900 N（194 kgf）の荷重で破断することがわかります。

②ねじ山のせん断荷重

　図4-30に示した軸方向の荷重F（N）を受けるねじにおいて、ねじ山にかかるせん断応力を簡易的に求めてみます。計算を簡単にするため、

図4-34に示すようにねじ山の付け根にせん断荷重が加わるものと仮定すると、図中の長さABおよびCDはピッチP（mm）に等しくなります。したがって、おねじがせん断荷重を受ける面積S_B（mm²）およびめねじがせん断荷重を受ける面積S_N（mm²）は次式で求められます。

$S_B = \pi d_1 \cdot P \cdot z$ (4-3)

$S_N = \pi D_1 \cdot P \cdot z$ (4-4)

ここで、d_1はおねじの谷の径（mm）、D_1はめねじの谷の径（mm）です。zはおねじとめねじとがかみ合うねじ山の数であり、めねじの深さ（またはナットの長さ）をL（mm）とすると近似的に次式で求まります。

$$z = \frac{L}{P}$$ (4-5)

したがって、おねじのねじ山にかかるせん断応力τ_B（N/mm²）およびめねじのねじ山にかかるせん断応力τ_N（N/mm²）は次式となります。

$$\tau_B = \frac{F}{S_B} = \frac{F}{\pi d_1 \cdot P \cdot z} = \frac{F}{\pi d_1 \cdot L}$$ (4-6)

$$\tau_N = \frac{F}{S_N} = \frac{F}{\pi D_1 \cdot P \cdot z} = \frac{F}{\pi D_1 \cdot L}$$ (4-7)

式（4-6）および式（4-7）において、$D_1 > d_1$ですので、$\tau_B > \tau_N$です。すなわち、おねじとめねじが同じ材料の場合はおねじの方が壊れやすいことがわかります。

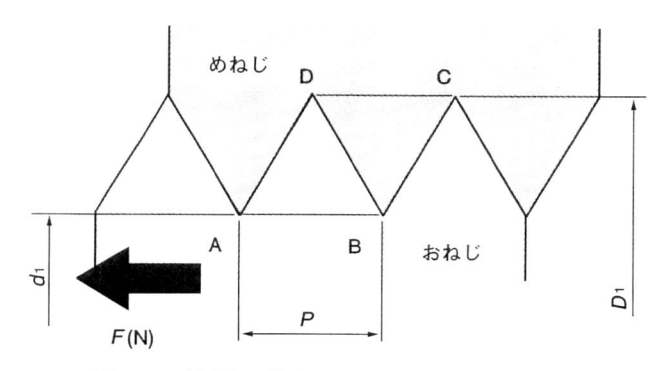

図4-34 軸方向の荷重によりせん断荷重を受けるねじ山

また、おねじとめねじとがかみ合うねじ山の数が多いほど強度が高まることがわかります。以上の式および**表4-2**や**表4-6**のメートル並目ねじおよびナットの寸法、**表4-9**の各種金属材料のせん断許容応力を利用することで、ねじの大きさや本数、あるいはめねじの深さなどを求めることができます。なお、実際のねじでは、おねじとめねじの間にわずかな隙間があるため、**図4-34**における長さABおよびCDは短くなります（おねじで0.75倍、めねじで0.875倍）。

③ねじへのせん断荷重

図4-32に示すように、ねじへのせん断荷重F（N）が生じる場合、おねじにかかるせん断応力τ（N/mm²）は次式で近似されます。

$$\tau = \frac{F}{A_S} \approx \frac{4F}{d_1^2 \pi} \tag{4-8}$$

式（4-8）を**表4-2**のメートル並目ねじの寸法並びに**表4-9**の各種金属材料のせん断許容応力に当てはめると、1本のM3のねじ（SS400）では、370 N（38 kgf）程度のせん断荷重まで使用できることがわかります。**図4-35**に示すように複数のねじを使った場合でも、せん断荷重は1本のねじに集中しやすく、また荷重が与えられる位置によってはせん断荷重が増加することもあるので、設計時には気をつけなければいけません。

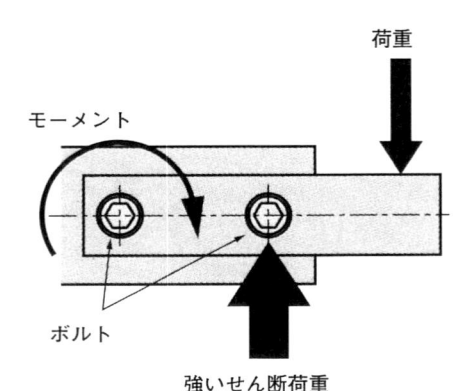

図4-35　せん断荷重を受けるねじ

4-5 実際の設計

　機械設計においてねじを使用する場合、上述の強度の他、ねじの配置や適切なねじ部品の選定などに気をつけなければいけません。以下、ねじを使った機械を設計する際の注意事項を紹介します。

（1）組立を考えたねじの配置

　機械設計において、組立性を考えてねじの配置を決めなければいけません。ねじの締め付けの際にドライバやスパナなどの工具が使いやすい位置にねじを配置するようにします（**図4-36**）。また、**図4-37**のように

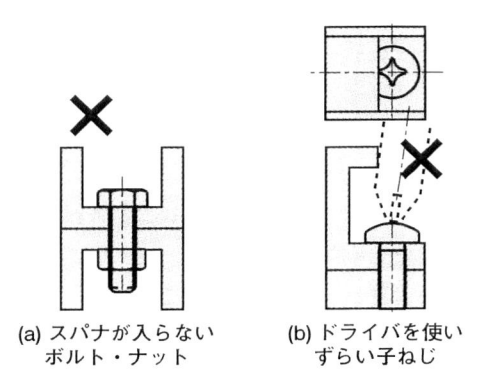

(a) スパナが入らない
　　ボルト・ナット

(b) ドライバを使い
　　ずらい子ねじ

図4-36　組立を考えたねじの配置

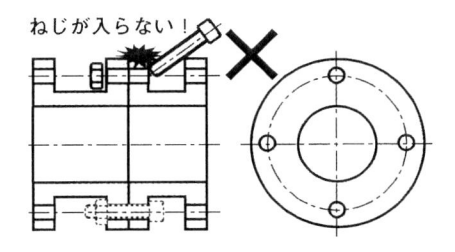

図4-37　組み立てられないフランジ

図4-38　ねじ頭部の干渉

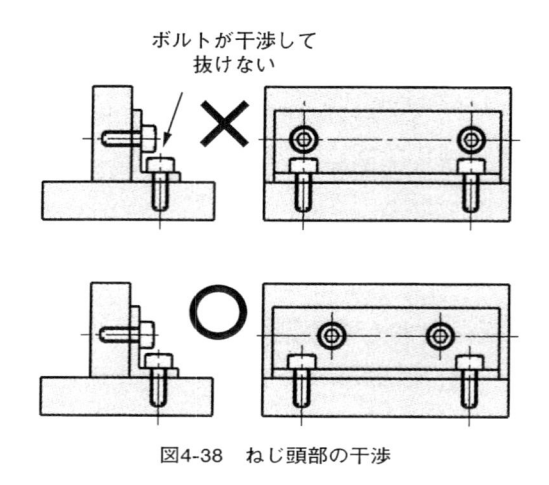

糸巻き形のフランジなどでは、フランジの間隔が近いとねじを入れられなくなったり、入れにくくなったりするので気をつけます。

（2）ねじ頭部の干渉

図4-38に示すように、アングル材を使って2枚の板材をつなげる場合、ねじの配置によってはねじの頭部がぶつかることがあります。そのような場合、ねじの位置をずらすなどの工夫が必要です。

（3）通しボルトと押えボルト

ボルトを使って部品を固定する場合、図4-39(a)に示すようにボルトとナットで固定する方法（通しボルト）と図4-39(b)に示すように一方の材料にめねじを切って固定する方法（押えボルト）の2通りがあります。通しボルトは、ねじを切る手間が省けるので実際の製作が容易です。一方、押えボルトは、ナットを押さえる必要がなく一つの工具だけで締め付けができるので、組立性に優れています。製作性と組立性のバランスを考えて、どちらにするのかを考えます。

(a) 通しボルト　　　　(b) 押えボルト

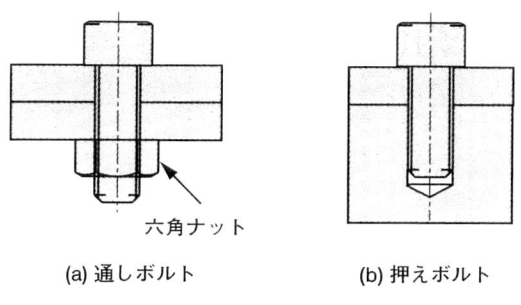

図4-39　通しボルトと押えボルト

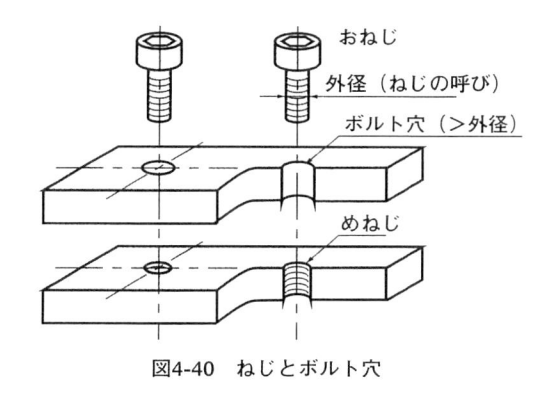

図4-40　ねじとボルト穴

（4）ねじとボルト穴

　ねじ込みボルトで部品を固定する場合、一方の部品にはめねじを切りますが、もう一方の部品にはおねじの外径（ねじの呼び）よりも大きいボルト穴（通称：バカ穴）をあけます（**図4-40**）。ボルト穴が小さすぎると、わずかでも加工精度が低いとでねじが入らなくなります。逆に、バカ穴が大きすぎると材料の「がた」が大きくなり、ねじが正しく機能しなくなります。すなわち適切な大きさのボルト穴をあけなければなりません。大まかな目安として、ボルト穴はねじの呼びより10％程度大きくするとよいでしょう。例えばM 3 の場合は直径3.2 mm〜3.5 mm、M 4 の場合は直径4.2 mm〜4.5 mm、M 5 の場合は直径5.5 mm程度です。

（5）部品の固定とねじの本数

通常、1本のねじだけで部品を固定することは避けなければいけません。わずかな荷重によって部品が動いてしまい、ねじが緩んでしまうためです（図4-41）。

（6）フランジのシールとねじの本数

図4-42(a)に示すように、容器のフタをボルトで止める場合、通常、容器とフタの間にガスケットと呼ばれる板状のシールを取り付けることがあります。ガスケットのシール性を十分に確保するためには、フタの全面を均一な力で押さえなければいけません。そのためには、ボルトの本数を増やし、ボルトを均一な力で締め付ける必要があります。図4-42(b)に示す魚ロボットの胴体では、アクリル製のケースにシリコンゴム製のガスケットをはさみ、アクリル製のフタをしています。アクリルは金属材料と比べて柔らかいので、ある程度以上の数のねじを使用しないと水密が保たれません。

（7）止めねじ

図4-24に示した止めねじを用いて丸状の部品を固定する場合、止めねじの押さえが弱く、しっかりと部品を固定できないことがあります。そ

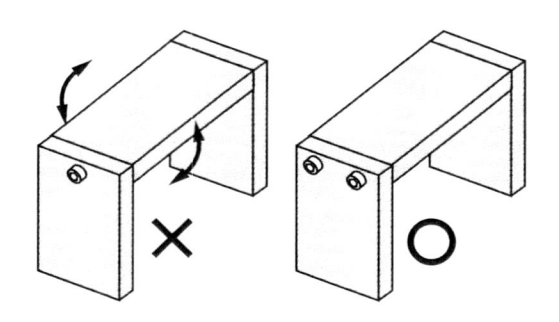

図4-41　部品の固定とねじの本数

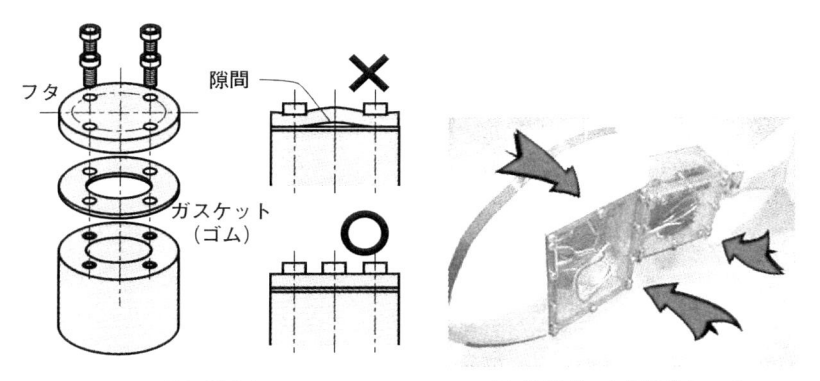

(a) フランジのシール　　　　　(b) 魚ロボット胴体のシール

図4-42　フランジのシールとねじの本数

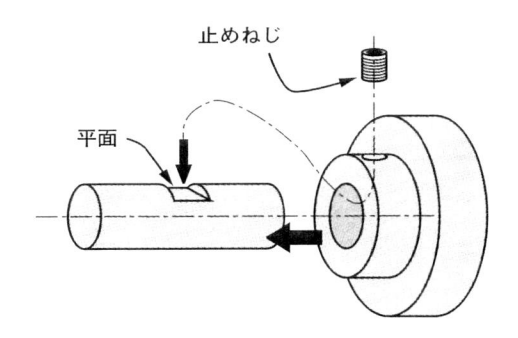

図4-43　止めねじによる固定方法

のような場合、**図4-43**に示すようにねじが当たる面を平面にします。ねじが緩みにくくなり、さらに取り付け・取り外しが簡単になります。

(8) ねじ部を垂直に組み立てる方法

　タップやダイスにより加工するねじは必ず曲がってしまい、完全にまっすぐなねじを切ることはできません。ねじを使って高精度な機械部品の固定・組立を行いたい場合、**図4-44**に示すように、ねじ部に垂直を求

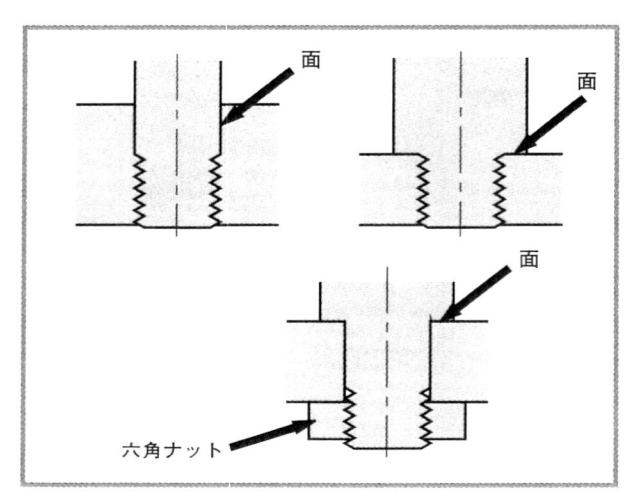

図4-44　ねじ部を垂直に組み立てる方法

めるのではなく、部品の「面」を利用するようにします。

(9) 緩み止め

ねじの締め付け力を保持し、緩みにくくするためのいくつかの方法を紹介します。

①二重ナット

図4-45に示すように、2つのナットを互いに締め合うことでねじは緩みにくくなります。このような方法を二重ナットあるいはロックナット、ダブルナットなどと呼びます。

②座　金

図4-27に示したばね座金（スプリングワッシャ）を使用するとねじが緩みにくくなります（図4-46(a)）。また、アルミニウム合金などの比較的弱い材料を用いる場合、繰り返し荷重が加わると材料自身が塑性変形し、ねじが緩んでしまうことがあります。そのような場合は平座金を使うことで、材料にかかる部分的な圧力を低減でき、変形を抑えることができます（図4-46(b)）。

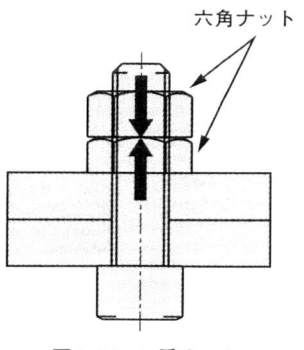

図4-45　二重ナット

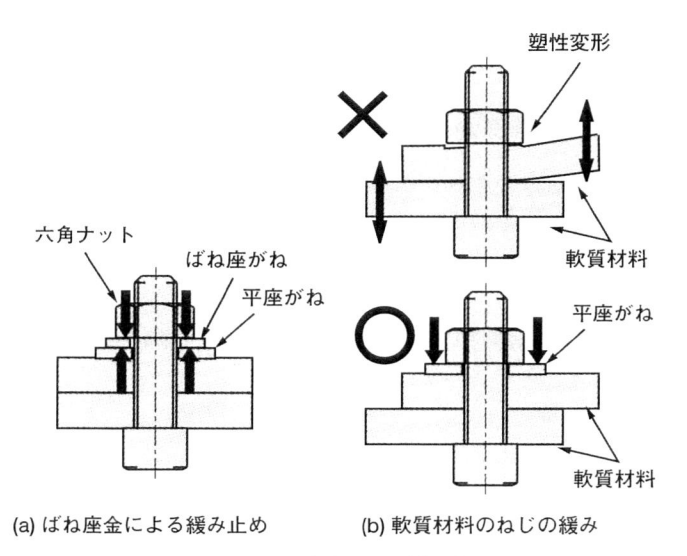

(a) ばね座金による緩み止め　　(b) 軟質材料のねじの緩み

図4-46　座金による緩み止め

③機械的固定

　ボルトにピンを通したり、あるいは特殊な座金を利用することで、ねじを緩みにくくすることができます。また、**図4-47**に示すような緩み止め効果を高めたねじ部品があります。

図4-47　緩み止めナット　　　　　　図4-48　ねじロック材

④ねじロック材

　ねじを緩みにくくする方法の一つとして、**図4-48**のようなねじロック材と呼ばれる接着剤を使用することもあります。

考えてみよう！

【問4-1】携帯電話などの最近の小型機械ではねじを使わないことが多くなりました。その理由を考えてみましょう。

【問4-2】部品を取り付ける以外で、ねじの特徴を活かした使用方法を考えましょう。

【問4-3】ねじ以外の構造で、部品を固定するための新しい方法あるいは部品を考えてみましょう。

第4章 ねじを使う設計技術

第5章

軸と軸受を使う設計技術

　多くの機械は回転運動を利用しています。損失が少なく、滑らかな回転運動を実現するためには、軸と軸受の設計技術が重要になります。本章では、軸や軸受などの要素部品について解説します。さらに、いくつかの軸系の設計例を紹介し、回転機械における設計の要点について考えます。

5-1 ● 軸の設計技術

軸は回転によって動力を伝達するための機械要素です。ほとんどの機械には軸があり、機械の運動に重要な役割を担っています。

(1) 軸の種類と用途

軸は荷重の加わり方によって、伝動軸（shaft）、機械軸（spindle）および車軸（axle）の3種類に分類されます。

①伝動軸

伝動軸とは、回転によって動力を伝達する軸です（図5-1）。伝動軸は、主としてねじり荷重（トルク）を受けるので、設計時にはその強度に注意する必要があります。

②機械軸

旋盤やフライス盤の主軸などの軸を機械軸と言います（図5-2）。機械軸には高い回転精度（ぶれの少なさ）が要求されます。

③車軸

鉄道車両の軸など、主として車輪を持つ軸を車軸と言います（図5-3）。車軸は大きい曲げ荷重を受けるので、軸受などによる支持が重要になります。

> **チェックポイント** ほとんどの機械には軸があり、機械の運動に重要な役割を担っています。

(2) 軸の強度計算

動力を伝えるために使用する軸は、強度に関する検討が欠かせません。以下、軸に作用する強度について考えます。

①ねじれ荷重（トルク）

動力を伝える軸では、一端に駆動力が加わり、もう一端に負荷が加わります（図5-4）。軸に作用するトルクを T_q（Nm）、せん断応力を τ

図5-1 伝動軸

図5-2 機械軸

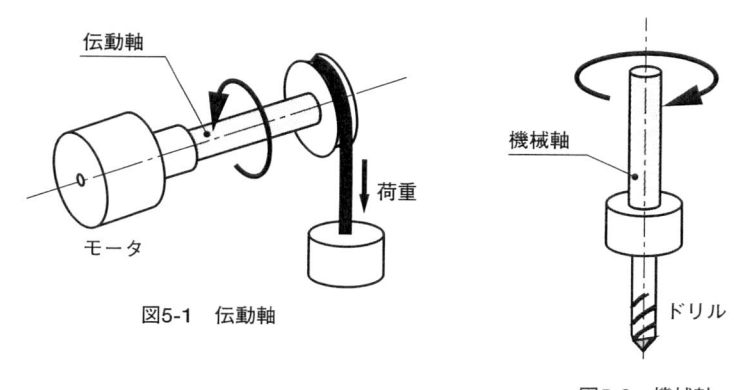

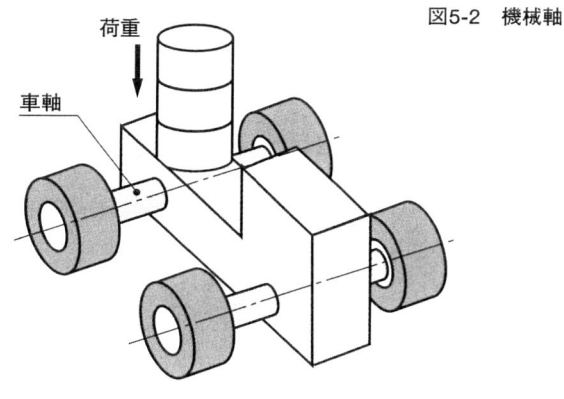

図5-3 車軸

トルク$T_q = F \times R$ (Nm)

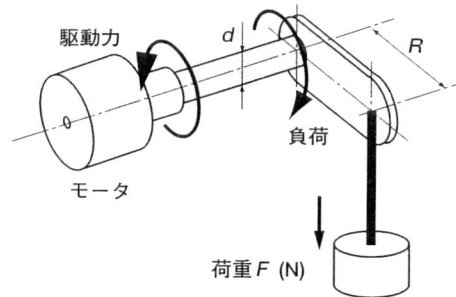

荷重 F (N)

図5-4 ねじれ荷重を受ける軸

第5章 ● 軸と軸受を使う設計技術

101

（N/m²）、部品の断面形状で求まる極断面係数をZ_p（m³）とすると次式が成り立ちます。

$$T_q = Z_p \cdot \tau \tag{5-1}$$

軸径がd（m）の丸棒の場合、極断面係数Z_p（m³）は次式で表されます。

$$Z_p = \frac{\pi}{16} d^3 \tag{5-2}$$

したがって、式（5-1）および式（5-2）より次式が得られます。

$$\tau = \frac{16 T_q}{\pi d^3} \tag{5-3}$$

設計においては、せん断応力τ（N/m²）が許容せん断応力τ_a（N/m²）を下回るように軸径d（m）を設定します（$\tau < \tau_a$）。したがって、次式により軸径d（m）を求めることができます。

$$d > \sqrt[3]{\frac{16 T_q}{\pi \tau_a}} \tag{5-4}$$

なお、**2-2節**で述べたように、トルクT_q（Nm）と伝達動力L（W）は、回転数をN（rpm）とすると次式の関係があります。

$$L = \frac{2\pi T_q N}{60} \tag{5-5}$$

したがって、軸の回転数がわかれば、使用可能な伝達動力を求めることができます。

表5-1は、軸の強度計算の目安として、SUS304製の一様断面の軸（許容せん断応力$\tau_a = 147$ N/mm²、**表4-9参照**）の軸径d（mm）と伝達可能なトルクT_q（N・m）および伝達動力L（W）の関係を示しています。

②曲げ荷重

曲げ荷重を受ける軸の強度は、軸受を支点とするはりを考えます（**図5-5**）。一般に、両端を自由支持として強度計算を行います。軸に作用する曲げモーメントをM（N·m）、曲げ応力をσ（N/m²）、断面係数をZ（m³）とすると、次式が成り立ちます。

$$\sigma = \frac{M}{Z} \tag{5-6}$$

軸径がd（m）の丸棒の場合、断面係数Z（m³）は次式で表されます。

$$Z = \frac{\pi}{32} d^3 \tag{5-7}$$

軸径 d (mm)	使用可能なトルク T_q (Nm)	伝達動力 (W) $N=500$rpm	$N=100$rpm
3	0.78	40.8	81.6
4	1.8	96.7	193.4
5	3.6	188.9	377.8
6	6.2	326.4	652.9
8	14.8	773.8	1547.6
10	28.9	1511.3	3022.6
12	49.9	2611.5	5223.0

表5-1　ねじれ荷重を受ける軸の強度

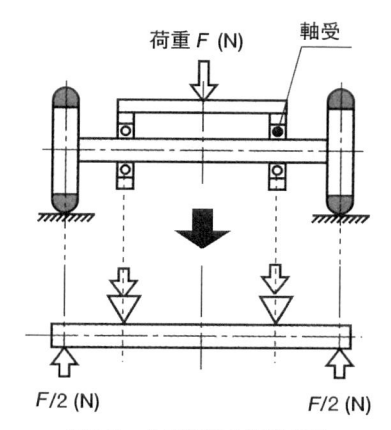

図5-5　曲げ荷重を受ける軸

したがって、式（5-6）および式（5-7）より次式が得られます。

$$\sigma = \frac{32M}{\pi d^3} \tag{5-8}$$

設計においては、曲げ応力 σ（N/m²）が許容曲げ応力 σ_a（N/m²）を下回るように軸径d（m）を設定します（$\sigma<\sigma_a$）。したがって、次式により軸径d（m）を求めることができます。なお一般的な機械材料の許容曲げ応力は、引張り荷重における許容応力に概ね等しいと考えます。

$$d > \sqrt[3]{\frac{32M}{\pi \sigma_a}} \tag{5-9}$$

③強度計算時の注意点

軸の強度計算を行う際の注意点をまとめます。

a) 実際の軸では段や溝を付けることがあります。そのような場合、応力集中が生じます（**2-1節**参照）。大きな力を受ける軸では詳細な強度計算が必要不可欠です。

b) 曲げモーメントにより生じる軸の変形（たわみ）が問題となることがあります。そのような場合、上述の計算と同様、軸受を支点とするはりを考え、変形量を求める必要があります。

c) 軸の回転数が曲げまたはねじりの固有振動数と一致すると、共振し振幅が極度に大きくなります。

d) 軸に作用するトルクが変動したり、あるいは曲げ荷重が繰り返し行われたりする場合、材料の疲労を考慮して、材料や寸法を決定しなければいけません。

e) 衝撃的な荷重や不慮の荷重への強度的な配慮も考えなければいけま

軸が破損した例

図5-6は、バリアフリー研究のために設計・試作した模型車いすです。その前輪キャスタの軸は、通常に使われている際は、大きな荷重を受けません。しかし走行実験中、路面の段差による強い曲げ荷重を受けて曲がってしまいました（図5-6(b)）。

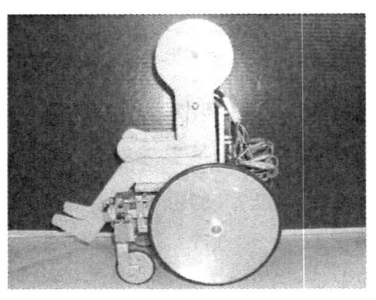

(a) 模型車いすの外観　　　　　　(b) 破損した軸

図5-6　模型車いす

(3) 軸を設計する際の要点

軸を設計する際、強度以外にも気をつけなければならないことがあります。以下、実際に軸を設計する際の要点をまとめておきます。なお軸は他の要素部品と組み合わせて使われるため、軸だけを単独で設計することはできません。軸系設計の詳細については**5-5節**で解説します。

①軸の直径

ほとんどの機械において、軸は軸受と組み合わせて使用されます。そのため、JISによって規格化された軸径を選定するようにします。**表5-2**は、4～40 mmの範囲において転がり軸受のJIS規格がある軸径を示しています。

②軸の長さ

軸の長さは、必要以上に長くしないのが原則です（**図5-7**）。トルクを

軸径（mm）
4.5.6.7.8.9.10
12.15.17.20
22.25.28.30
32.35.40

表5-2　軸の直径

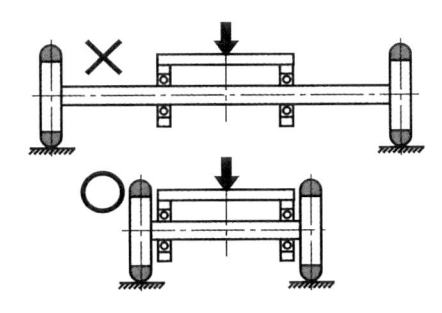

図5-7　軸の長さ

受ける軸では、軸が短いほどねじれ角が小さくできます。曲げモーメントを受ける軸では、軸受からの距離が短いほど強度が増します。

③軸の加工精度・表面粗さ・硬度

軸は比較的簡単な形状のものが多いのですが、その使用方法によっては表面粗さや表面の硬さ、はめあい（寸法公差）に制限を受けることがあります。通常、要求される軸の精度は、軸と連結する部品のカタログに表記されています。

> **チェックポイント** 軸は他の要素部品と組み合わせて使われるため、軸だけを単独で設計することはできません。

5-2 カップリング

カップリング（軸継手）は、軸と軸をつなぐために使われる要素部品です。例えば、**図5-8**に示すようにエンジンの出力軸と発電機とをつなぐ場合などに使われています。

(1) カップリングの種類と特徴

カップリングには様々な形式があり、それぞれに異なった特徴があります。設計の際には、機械に最も適していると考えられる形式を選定する必要があります。**図5-9～図5-13**にいくつかの代表的なカップリングを示しています。

①フランジ形軸継手

図5-9に示すフランジ形固定軸継手は、2枚の円板（フランジ）を複数本のボルトで固定する形式です。**図5-10**のフランジ形たわみ軸継手は、**図5-9**の固定軸継手のボルト部分にゴムを挿入した構造であり、軸の衝撃や振動を吸収できるという特徴があります。これらの軸継手は、詳細な寸法がJISによって規格化されており、比較的大きい機械で使われています。

図5-8　カップリングの使用例

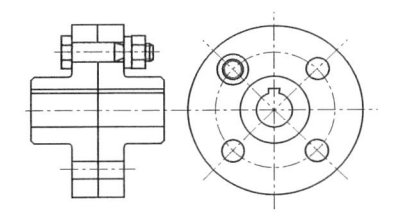

図5-9　フランジ形固定軸継手

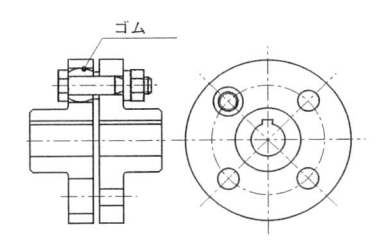

図5-10　フランジ形たわみ軸継手

図5-11　ゴム・樹脂カップリング（三木プーリ社製）

②ゴム・樹脂カップリング

　図5-11のゴム・樹脂カップリングは、2本の軸の間にゴムを挟んだ構造ですので、衝撃的な荷重を吸収することができます。形式や大きさなど様々なものが市販されています。

図5-12　金属カップリング
（三木プーリ社製）

図5-13　ユニバーサルジョイント

型式		CPU-26-A	CPU-36-A	CPU-46-A
許容伝達トルク	Nm	2.2	10	2.2
最高回転数	rpm	4000	3500	3000
慣性モーメント	kgm^2	3.57×10^{-6}	1.64×10^{-6}	5.33×10^{-6}
最大許容取付誤差	偏心mm	0.3	0.4	0.5
	偏角deg	4	4	4
質量	g	40	90	190

表5-3　カップリングのカタログの一例

③金属カップリング

　図5-12に示す金属カップリングは、回転方向の「遊び」が少ないので、回転運動を正確に伝えることができます。

③ユニバーサルジョイント

　図5-13に示すユニバーサルジョイントは、比較的ねじれが大きい2本の軸を連結する場合に使われます。

（2）カップリングの強度

　通常、カップリングの強度（許容トルク）は、各メーカーのカタログに記載されています。**表5-3**はその一例であり、三木プーリ社CPUシリーズ（**図5-8**、**図5-12**参照）の仕様です。設計時には、これらの値を参

(a) 止めねじ　　(b) キー　　(c) 締め付け

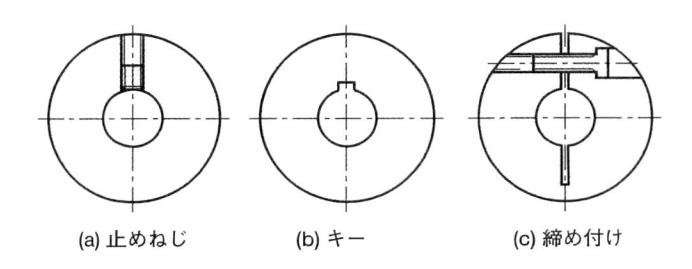

図5-14　軸との固定方法

考にしてカップリングを選定します。

（3）カップリング選定の要点

以下、カップリングを選定するに当たっての要点をまとめます。

①許容トルク

軸に作用するトルクを求め、カップリングの許容トルクがそれを上回るようにします。

②軸との固定方法

カップリングの形式によって、軸との固定方法は様々です（5-3節参照）。機械の構造や用途に適した固定方法を選びます（**図5-14**）。

③トルク変動

衝撃的な荷重や大きなトルク変動が加わるかを判断します。エンジンの出力軸のように、トルク変動がある場合、平均トルクではなく、最大トルクがカップリングの許容トルクを下回るようにします（**図5-15**）。また、カップリングで衝撃を吸収したい場合、ゴム製カップリングが適しています。

④回転角度の精度

ロボットアームの運動などでは高精度な運動が必要になります（**図5-16**）。軸の回転角度に高い精度が必要な場合、高いねじり剛性が必要であり、ゴム製カップリングは適していません。

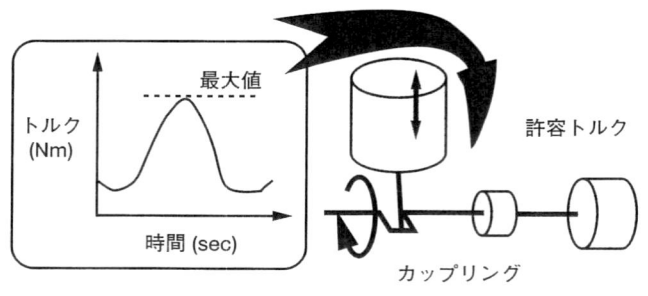

図5-15 トルク変動

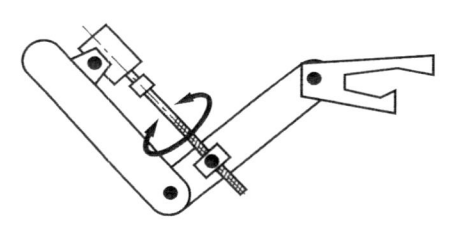

図5-16 回転角度の精度

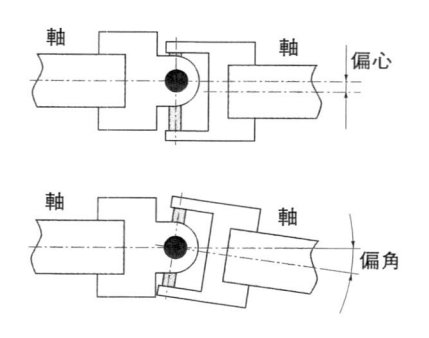

図5-17 軸の位置精度

⑤軸の位置精度

　2本の軸の高さの違い(偏心)や傾きの違い(偏角)などが大きい場合、使用可能なカップリングは限られてきます。カップリングの形式や

カタログに記載されている許容取付誤差などを考えなければいけません（図5-17）。また、軸の支持位置なども十分に検討しなければいけません。

⑥**大きさと形状の制限**

カップリングの大きさ（形状）の制限を考えます。小型化を目指した機械では、軸方向の長さを短くする必要が生じたり、あるいは高い回転数で運動する機械では慣性モーメントを減らすために直径方向の大きさを小さくする必要が生じたりします。

> **チェックポイント** カップリングで衝撃を吸収したい場合、ゴム製カップリングが適しています。

軸心を出しやすい形状

2本の軸の高さや角度を合わせることを「心（芯）を出す」と言います。通常の機械加工では、フライス加工で板材を組み合わせて軸心を合わせるよりも、旋盤加工で同心円上の軸心を合わせる方がはるかに簡単です（図5-18）。高い精度で心（芯）を出す必要がある場合は、できる限り旋盤で加工できる形状にするとよいでしょう。

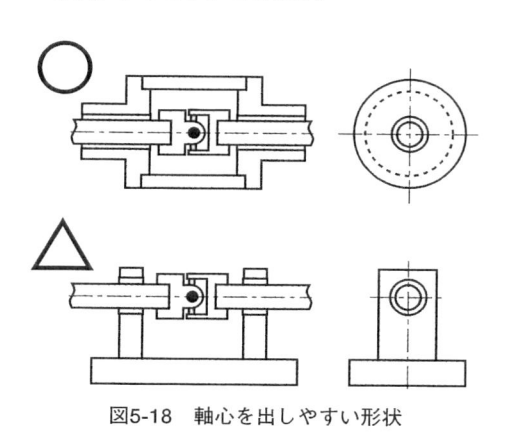

図5-18　軸心を出しやすい形状

5-3 軸と回転体の固定

　実際に軸を使用する場合、軸は歯車やプーリ、カップリングなどの回転体に固定されます。以下、軸と回転体の代表的な固定方法を紹介します。軸と回転体をどのように固定するかは、要求される固定の強さや機械の使用条件によって異なります。

（1）止めねじ

　最も簡単に固定する方法が止めねじを使用する方法です（**図5-19**）。止めねじを使用する場合、第4章に述べたように、軸の止めねじが当たる部分を平面とするとねじが緩みにくくなります。それにより軸の曲面に傷が付きにくくなるため回転体の取り付けや取り外しが容易になります。なお止めねじによる固定は、一般に滑りが生じやすく、後述するキ

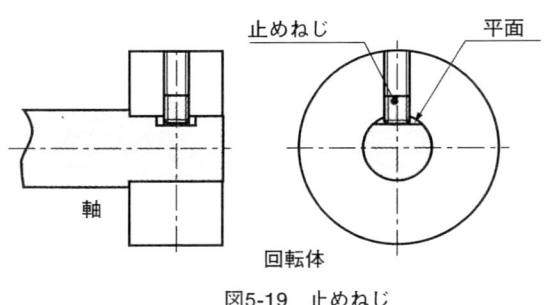

図5-19　止めねじ

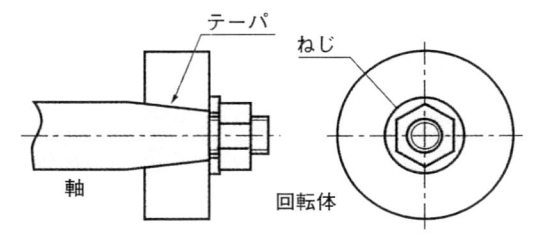

図5-20　テーパによる固定

ーやスプラインと比べて締結の強さはかなり低くなります。

（2）テーパによる固定

図5-20に示すように軸と回転体の接触面をテーパとし、ねじで押しつけて固定する方法があります。この方法は適切なテーパが作られていれば、軸と回転体の軸心を合わせやすいという特徴があります。

（3）キーによる固定

キーは、軸と回転体とを回転方向に固定するための部品です（図5-21）。軸と回転体の両方にキーを入れるための溝（キー溝）を作り、それにキーを挿入することで回転方向の動きを押さえることができます。上述のテーパによる固定と合わせて使用することもあります。

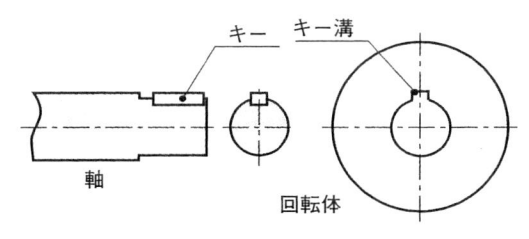

図5-21　キーによる固定

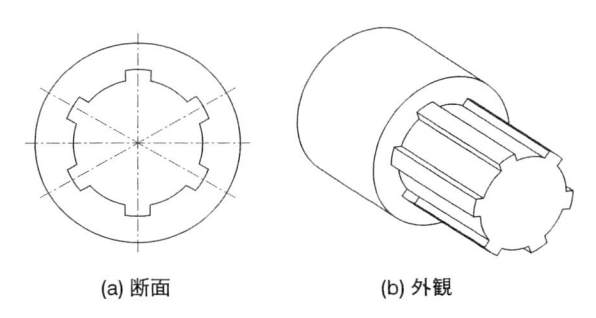

図5-22　スプライン

（4）スプライン

スプラインは複数のキーを等間隔に並べ、軸と一体化したものです（図5-22）。キーによる固定と比べて、はるかに大きいトルクを伝えることができるため、自動車や工作機械に使われることがあります。

（5）フリクションジョイント

図5-23に示すようなフリクションジョイントと呼ばれる要素部品があります。フリクションジョイントに取り付けられた数本のボルトを締め付けることで、軸と回転体との間に強い摩擦力を発生します。フリクションジョイントには様々な形式がありますが、図5-23に示したものでは、くさび効果を利用することで強固な締結を実現しています。軸にキー溝などの特殊な加工をする必要がなく、高精度な同心度が期待できるなどの特徴があります。図5-24は、図1-8に示した実験用スターリングエン

図5-23　フリクションジョイント（三木プーリ社製）

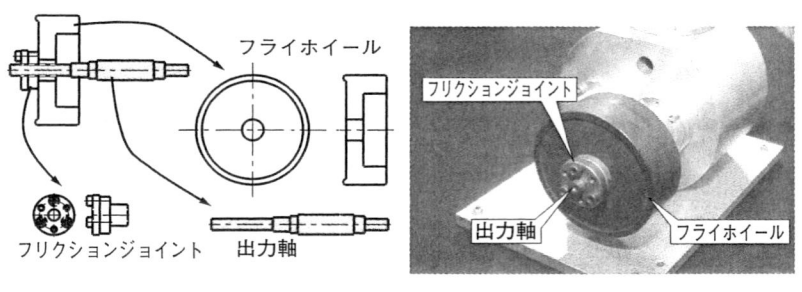

(a) 部品図　　　　　　　　　　　(b) 外観
図5-24　フリクションジョイントを使用した例

ジンの出力軸とフライホイールの締結にフリクションジョイントを利用した例です。

> **チェックポイント** 軸と回転体をどのように固定するかは、要求される固定の強さや機械の使用条件によって異なります。

5-4 軸受の利用技術

　図5-25(a)に示すように、回転軸と台座を直接取り付けると、摩擦が大きいばかりでなく、軸や台座の摩耗や発生する摩擦熱のよって焼き付きなどの不具合が発生することがあります。そのため、通常は台座と回転軸の間に軸受（ベアリング）と呼ばれる要素部品を使用します（図5-25(b)）。

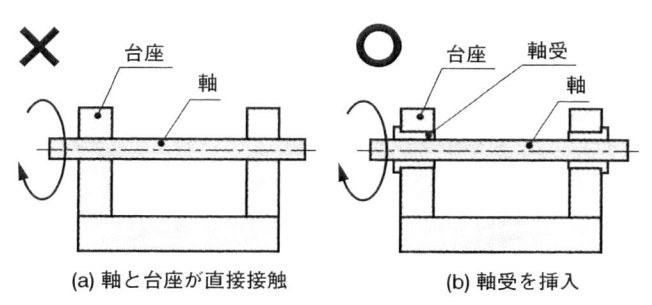

(a) 軸と台座が直接接触　　(b) 軸受を挿入

図5-25　軸受の挿入方法

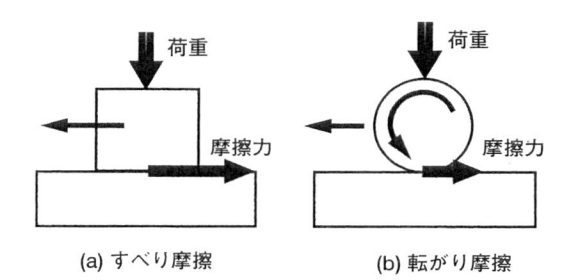

(a) すべり摩擦　　(b) 転がり摩擦

図5-26　摩擦の形式

(1) 摩擦と潤滑

　軸受を用いる目的の一つとして、運動部の摩擦低減があげられます。摩擦の形式には、**図5-26(a)**に示すようなすべり摩擦と**図5-26(b)**に示すような転がり摩擦があります。荷重を支える面のすべり摩擦を利用するのがすべり軸受であり、転がり摩擦を利用するのが転がり軸受です。転がり軸受は、すべり軸受よりも摩擦を小さくしやすいのが特徴です。一方、すべり軸受は荷重を支える面積が大きいので、一般に大きい荷重を支えることできます。

　潤滑とは動きを滑らかにすることであり、通常の機械では荷重を支える二面間に潤滑油の層を構成させることで摩擦・摩耗の低減を実現しています（**図5-27**）。**図5-26(b)**のような転がり摩擦であっても、長時間使用する場合には潤滑油の供給が必要です。

> **チェックポイント**　転がり軸受は、すべり軸受よりも摩擦を小さくしやすいのが特徴です。

(2) 軸受の構造と種類

　軸受には多くの種類があります。大きく分けると、転がり運動を利用しないで潤滑油の機能を利用したすべり軸受と玉やころの転がり運動を利用した転がり軸受があります。以下、機械要素部品としてよく使われる転がり軸受の種類と構造について説明します。

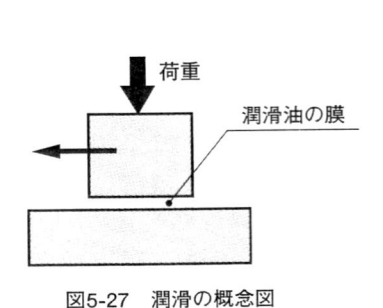

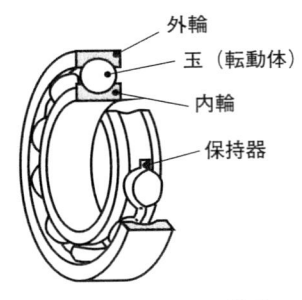

図5-27　潤滑の概念図

図5-28　転がり軸受の構造

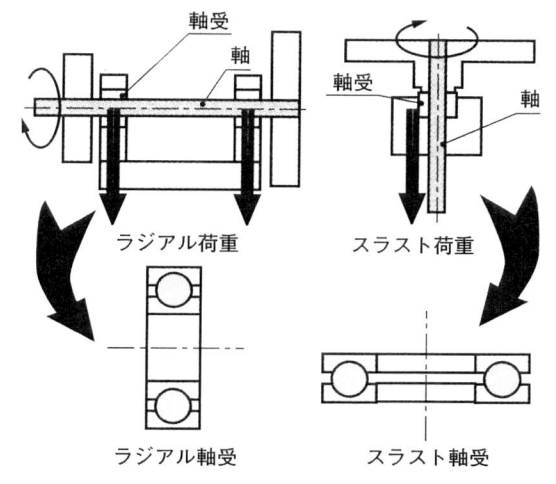

図5-29　ラジアル玉軸受とスラスト玉軸受

①転がり軸受の構造

　図5-28に示すように、転がり軸受は内輪と外輪、複数の転動体（玉またはころ）および保持器から構成されています。内輪と外輪との間に数個の玉が配置され、さらに互いの玉が接触しないように保持器によって一定の間隔を保ちながら円滑な転がり運動を実現しています。

②ラジアル玉軸受とスラスト玉軸受

　軸受にかかる荷重には、軸に直角な方向に作用するラジアル荷重と軸方向に作用するスラスト荷重（またはアキシアル荷重ともいう）があります（図5-29）。それらの荷重に対応した軸受を、それぞれラジアル玉軸受、スラスト玉軸受と言います。

③玉軸受ところ軸受

　転がり軸受の転動体には、図5-28に示すような玉または図5-30に示すころが使われます。通常は玉軸受が用いられることが多いようですが、荷重が大きい場合や取付寸法に制限を受ける場合などはころ軸受（あるいは針状ころ軸受）が使われます。

図5-30　ころ軸受

すべり軸受について

　一般にすべり軸受には、焼結含油金属と呼ばれる多孔質中に潤滑油を含ませた材料や摩擦が小さい樹脂材料が用いられます。構造が簡単なため比較的安価であり、特別な潤滑装置を必要としないという特徴があるので、量産される小型機械に使われることがあります（図5-31(a)）。また、振動や衝撃に強く、比較的大きな負荷でも使用できるので、自動車や舶用エンジンのクランクシャフトなどに用いられることがあります（図5-31(b)）。

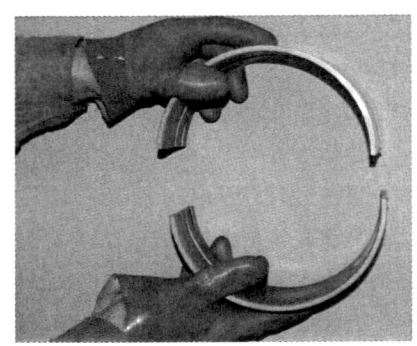

(a) 小型のすべり軸受　　　　(b) 舶用エンジン用すべり軸受

図5-31　すべり軸受

(3) 深溝玉軸受の強度

実際に軸受を使用する場合、軸受メーカーのカタログから寸法や形状、強度などが適したものを選定します。以下、転がり軸受の中で最も代表的な深溝玉軸受を例に取り、軸受の強度について概説します。表5-4に深溝玉軸受のカタログ（日本精工社）の一部を抜粋します。

①最大荷重

軸受は荷重によって転動体と軌道との接触面が変形すると適切な機能ができなくなります。その限界の荷重を基本静定格荷重（N）と定義され、記号C_{or}で表します（表5-4）。実際に使用する際のラジアル荷重は、常に基本静定格荷重C_{or}を下回らなければいけません。なお、ラジアル荷重とスラスト荷重を同時に受ける場合や振動や衝撃が生じる場合は荷重を補正して検討する必要があります。

②寿命計算

産業機械や輸送機械などに使われる軸受は寿命の評価が重要になります。その場合に使用するのが、カタログに記載されている基本動定格荷重（N）です。これは記号C_rで表され、この荷重を加えた状態で100万回転の寿命があることを示しています。また定格寿命は次式で表されます。

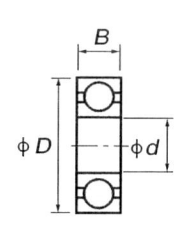

主要寸法 (mm)			基本定格荷重 (N)		許容回転数 (rpm)		呼び番号	
d	D	B	C_r	C_{or}	グリース潤滑*1	油潤滑*2	開放形	シールド形
10	19	5	1720	840	34000	40000	6800	ZZ
	22	6	2700	1270	32000	38000	6900	ZZ
	26	8	4550	1970	30000	36000	6000	ZZ
12	21	5	1920	1040	32000	38000	6801	ZZ
	24	6	2890	1460	30000	36000	6201	ZZ
	28	7	5100	2370	28000	32000	6301	—
15	24	5	2070	1260	28000	34000	6802	ZZ
	28	7	4350	2260	26000	30000	6902	ZZ
	32	8	5600	2830	24000	—	16002	—

*1 開放形，Z・ZZ形，V・VV形
*2 開放形，Z形

表5-4　深溝玉軸受（日本精工社カタログより抜粋）

$$L=\left(\frac{C}{P}\right)^3 \tag{5-10}$$

ここで L は定格寿命（10^6回転）、C_r は基本動定格荷重（N）、P は動等価荷重（N）です。ラジアル荷重だけを受ける場合、動等価荷重 P はそのラジアル荷重として計算します。しかしラジアル荷重とスラスト荷重を同時に受ける場合や振動や衝撃が生じる場合、軸受を高温条件で使用する場合などは荷重を補正して検討する必要があります。

（4） 軸受を使用する際の要点

軸受を使用する際のいくつかの要点をまとめておきます。

①軸受の固定方法

軸受を取り付ける場合、軸受が動いたり、はずれたりしないようにしなければいけません。軸受を板材に固定する方法として、板材に段付きの穴を作る方法と止め輪またはフランジなどの「つば」が付いた軸受を使用する方法があります（図5-32）。一般に小さい軸受を使用する際、穴あけ加工の関係から止め輪またはフランジが付いた軸受が扱いやすい

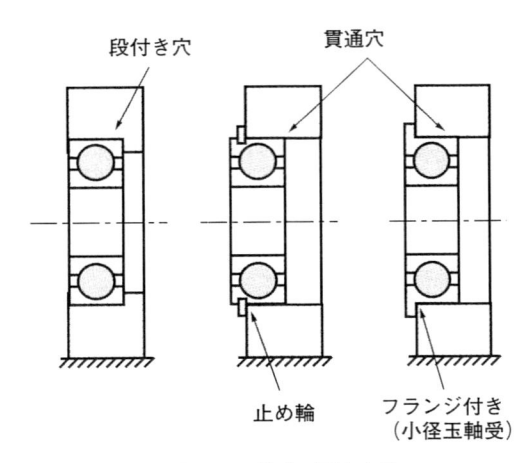

図5-32　軸受の固定方法

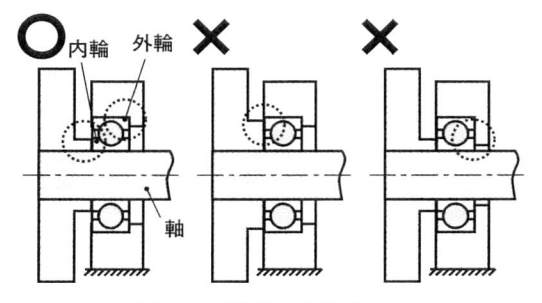

図5-33　回転体との接触

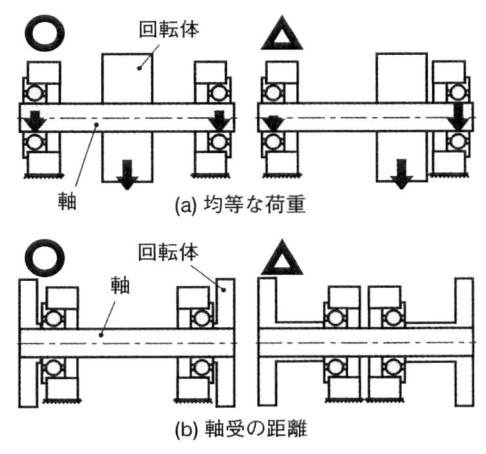

(a) 均等な荷重

(b) 軸受の距離

図5-34　軸受の位置

ようです。
②回転体との接触

　図5-28に示したように、転がり軸受は内輪と外輪とで構成されています。通常は外輪が他の部品に固定され、内輪と軸が回転します。軸に取り付ける回転部品（歯車やプーリなどの回転体や軸受を止めるための部品など）は、常に内輪とだけ接触するようにします（図5-33）。回転部品が外輪と接触すると、軸受は適切に機能しません。

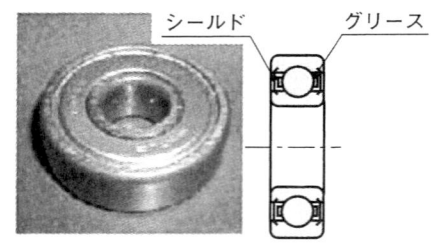

(a) 開放形　　(b) シールド形

図5-35　軸受の潤滑

③軸受の位置

　1本の軸を1つの軸受で支持することはなく、必ず2つ以上の軸受で支持します。機械設計においては、それらの軸受にできる限り均等な荷重が加わるようにします（**図5-34(a)**）。軸の一端だけを支持する（片持ち支持）よりも、軸の両端を支持する構造の方が軸にかかる負担も少なくできます。また、2つの軸受の距離が近すぎると適切な回転運動が得られない場合もあります（**図5-34(b)**）。

④軸受の潤滑

　比較的大きい荷重を支える場合、軸受の潤滑が重要です。軸受の潤滑方法としては、自動車用エンジンのように潤滑油ポンプや潤滑油流路などの潤滑装置を設ける方法やあらかじめグリースが封入されたシールド形軸受（**図5-35**）を使用する方法などがあります。シールド形軸受は比較的手軽に使用でき、様々な機械で使われています。

> **チェックポイント**　小さい軸受を使用する際、穴あけ加工の関係から止め輪またはフランジが付いた軸受が扱いやすいようです。

5-5 軸系の設計例

以下、いくつかの軸系の設計例を紹介し、軸の形状や軸受並びに関連要素の使い方について考えます。

（1）スターリングエンジンのトルク測定装置

図5-36は、図5-9に示した実験用スターリングエンジンのトルク測定装置の構造を示しています。この装置はエンジンで発電機を駆動し、そのときのトルクを測定するために使われます。すなわち、発電機の負荷トルク（エンジンの回転を止めようとするトルク）を図5-36(b)に示すようなアームを押す力に変換し、電子天秤でその荷重を測定します。

エンジンの出力軸と発電機の回転軸の間には2つのカップリングと中間軸が取り付けられています。2つのカップリングは、エンジン出力軸と発電機軸の偏心や偏角に対応させるために使われています。さらに中間の軸は2つの軸受Aで支持されています。これは回転運動によるカップリングの偏心運動を抑えるために付けられています。

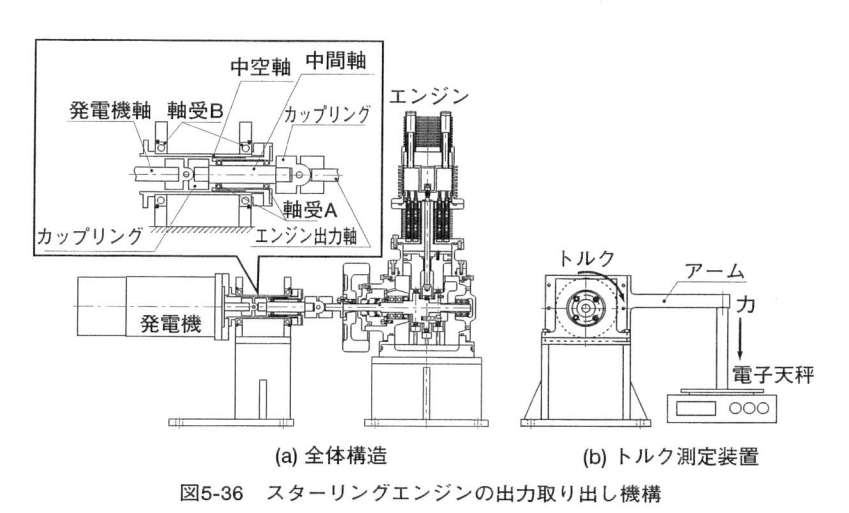

(a) 全体構造　　(b) トルク測定装置

図5-36　スターリングエンジンの出力取り出し機構

これらのカップリングや中間軸の外側には太い中空軸があり、中空軸は2つの軸受Bで支持されています。これはトルクを測定するために発電機が回転できる構造としているためです。これらの軸系の部品は、できる限り軸心を合わせるために、ほとんどの部品を円筒状（旋盤加工）としています。

（2）魚ロボットの動力伝達機構

　図5-37は、**図1-10**および**図2-14**に示した魚ロボットの動力伝達機構です。この機構は、電気モータの回転運動を2枚のかさ歯車と4枚の平歯車で減速した後、尾ひれを動かすための往復運動に変換しています。ここでは図中に示した3本の軸A～Cに着目し、軸受の固定方法について考えてみます。

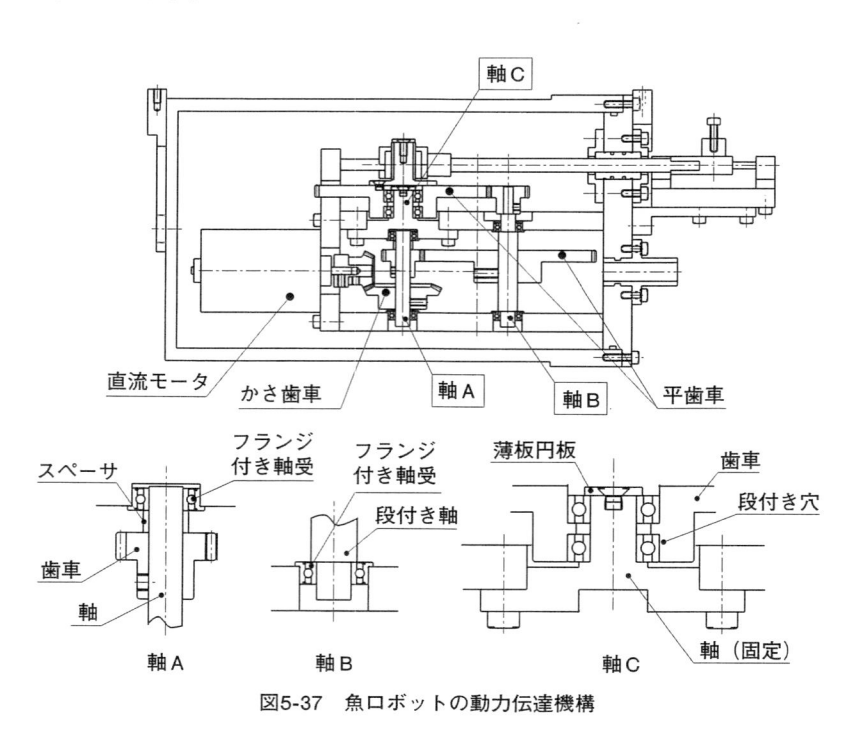

図5-37　魚ロボットの動力伝達機構

軸Aは2つのフランジ付きの軸受で支持されています。軸と歯車（回転体）との間にスペーサを挿入することで、軸受を押さえています。

軸Bも2つのフランジ付き軸受で支持されています。ここでは、軸に段差を付けることで軸受を押さえています。

軸Cはやや特殊な構造であり、2つの軸受を内部に挿入した歯車が板材に固定された軸の周りを回転します。この例の場合、機構部の寸法や他の部品の取付方法などに制限を受けたため、歯車に段付きの穴を作り、軸受を挿入しています。かなり窮屈な軸受の配置となっており、2つの軸受の距離が近くなっています。しかも歯車には大きなラジアル荷重を受けるため、強度的にかなり厳しいものでした。

考えてみよう！

【問5-1】図5-38は町中を自由に動きまわるための簡易自動車です。この簡易自動車における軸系の設計手順を考えてみましょう。

【問5-2】図5-38に示した簡易自動車において、強度を保ちながら、車軸を軽量化する方法を考えてみましょう。

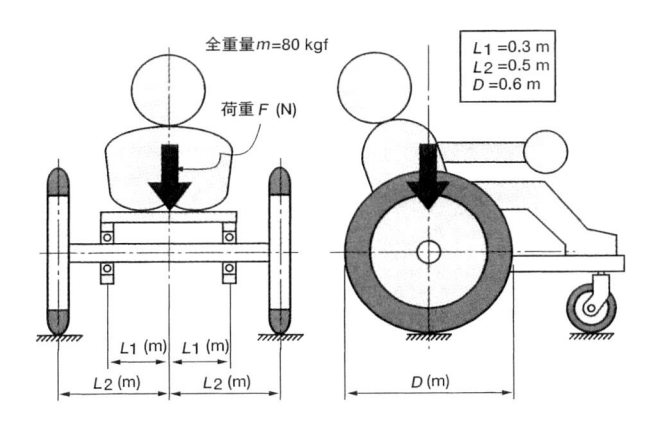

図5-38　簡易自動車の設計

【問5-3】船舶や自動車では、長い回転軸を利用して動力を伝達することがあります（図5-39参照）。そのような長い軸を利用する場合の設計上の注意点を考えてみましょう。

【問5-4】長い回転軸を使用しない自動車あるいは船舶の構造を考えてみましょう（図5-39参照）。

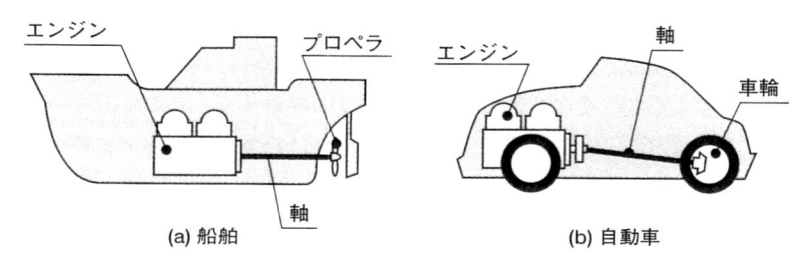

図5-39　船舶と自動車の回転軸

【問5-5】呼び番号6901の軸受を使って、図5-40に示すような模型自動車を作ります。図5-41のカタログを参照にして、軸、軸受のハウジングおよび車輪の詳細な形状・寸法を考え、それらの部品図を作図しましょう。

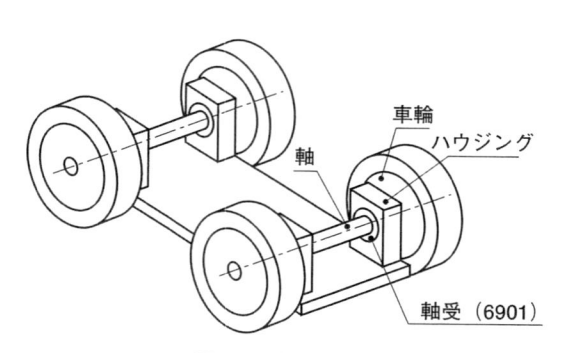

図5-40　模型自動車

単列深溝玉軸受

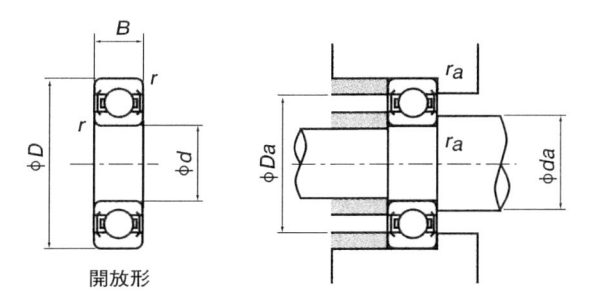

開放形

主要寸法 (mm)				呼び番号	取付関係寸法 (mm)			
d	D	B	r (最小)	開放形	d_a (最小)	(最大)	D_a (最大)	r_a (最大)
12	21	5	0.3	6801	14	14	19	0.3
	24	6	0.3	6901	14	14.5	22	0.3
	28	7	0.3	16001	14	-	26	0.3
	28	8	0.3	6001	14	15.5	26	0.3
	32	10	0.6	6201	16	17	28	0.6
	37	12	1	6301	17	18	32	1

*日本精工社、転がり軸受カタログ（CAT. No. 140b 1992J-11）より抜粋

図5-41　軸受のカタログ

第6章

歯車機構の設計

　歯車は動力伝達の手段として多くの機械に使われています。歯車は動力を効率よく、しかも正確に伝えることができます。本章では、いくつかの設計例を参考にしながら、歯車を利用した機械を設計する際の要点について解説します。

6-1 ● 歯車の種類

歯車は回転体の周囲に取り付けた歯をかみ合わせて、動力や運動を伝達するために使われます。動力や運動を高効率・高精度で伝えることができるという特徴があり、**図6-1**に示すように、様々な機械に使われています。以下、代表的な歯車の種類を紹介します。

(1) 平歯車

図6-2に示す平歯車は、歯車の中で最も代表的な形式です。平歯車は材質、歯数、寸法等、様々な形式がカタログ製品として市販されていますので、カタログから使用する歯車を選定することができます。

(a) 施盤の変速機構 　　　　(b) 歯車ポンプ

図6-1　歯車を利用した機械

図6-2　平歯車 　　　　図6-3　かさ歯車

(2) かさ歯車

図6-3に示すかさ歯車(ベベルギヤ)は、円すい状の面に歯を取り付けた歯車であり、主に直交した2軸の間の動力伝達に使われます。

(3) はすば歯車・はすばかさ歯車

はすば歯車(ヘリカルギヤ)は、図6-4に示すように歯すじをつる巻き状にしたものです。通常の平歯車と比べて、歯のかみ合いが滑らかになり、騒音が少ないという特徴があります。ただし、軸方向にスラスト荷重が生じるため、使用時には注意しなければいけません。

(4) ウォームギヤ

図6-5に示すウォームギヤは、駆動する側の軸に取り付けるウォームと減速される軸に取り付けるウォームホイールで構成されます。一対のウォームギヤで大きな減速比(ウォームホイールを1回転させるために

(a) はすば歯車　　(b) はすばかさ歯車

図6-4　はすば歯車

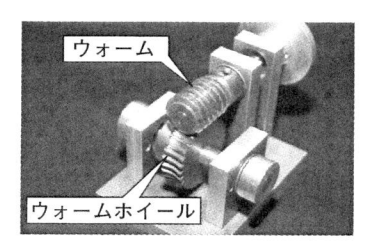

図6-5　ウォームギヤ

要するウォームの回転数）を得られるという特徴がありますが、通常の歯車と比べて摩擦損失が大きいため、適切な潤滑が必要となります。またウォームには、軸方向の大きなスラスト荷重が生じるため、使用時には注意が必要です。

(5) 内歯車

図6-6に示すように円筒の内側に歯を取り付けたものを内歯車と言います。2軸の中心距離を短くしたい場合などに用いられます。また内歯車を利用した遊星歯車機構（**図6-7**）は、小型で大きな減速比が得られる機構です。

(6) ラック

図6-8に示すように、直線状に歯を取り付けたものをラックと言います。ラックは平歯車と組み合わせて使われ、回転運動を直線運動に変換する場合などに使われます。

図6-6　内歯車

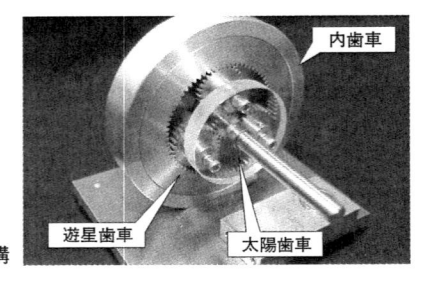

図6-7　遊星歯車機構

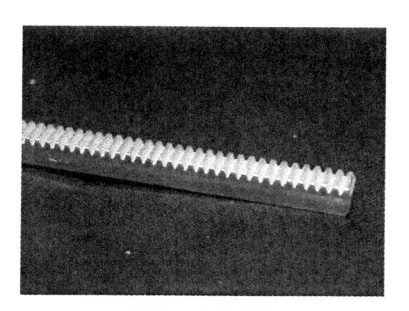

(a) ラックの外観

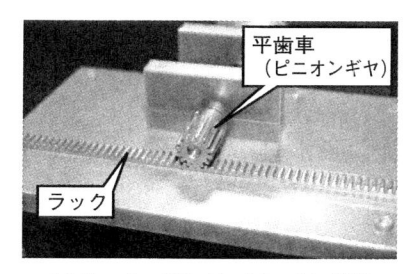

(b) ラック・アンド・ピニオン機構
図6-8　ラック

> **チェックポイント**　歯車には動力や運動を高効率・高精度で伝えることができるという特徴があります。

6-2 ● 平歯車の構造と特徴

　前節で述べたように、歯車には多くの形式があります。本節では、その中でも最も代表的な平歯車を例にして、その詳細な構造と特徴について解説します。その他の形状の歯車でも、基本的な考え方は同じです。

(1) 平歯車の基礎知識
①歯数と減速比

図6-9に示すように、２つの歯車が組み合わされた歯車機構を設計する場合、それぞれの歯数の比が重要です。すなわち、歯車Bの歯数が歯車Aの歯数の２倍である場合、歯車Bを１回転させるために歯車Aを2回転させなければなりません。すなわち、減速比は２となります。

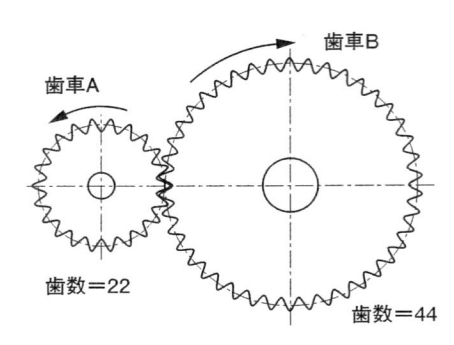

図6-9　歯車の構成

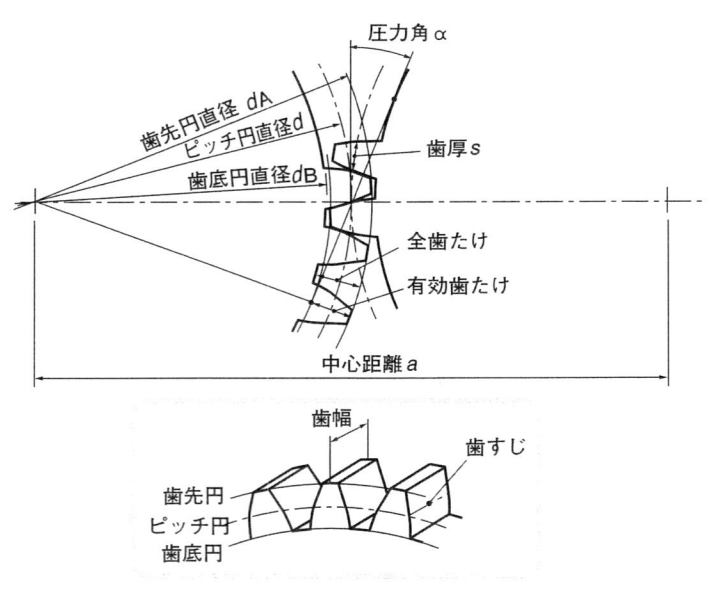

図6-10　平歯車各部の名称

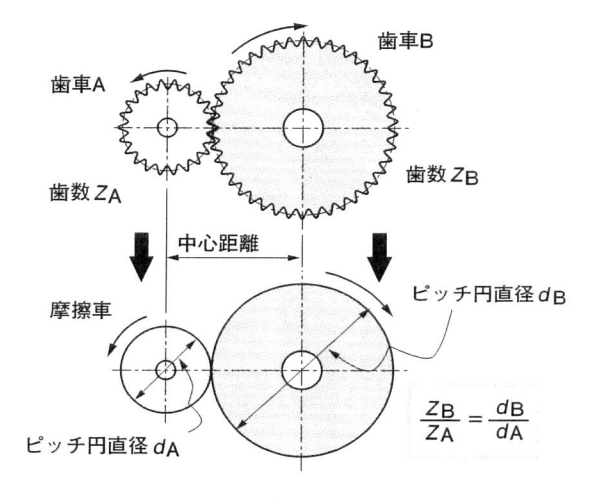

図6-11　基準ピッチ円

② 歯車各部の名称

平歯車各部の名称を図6-10に示します。この中で歯車機構を設計する際に重要な寸法として、中心距離aと基準ピッチ円直径dがあります。

③ 基準ピッチ円直径

基準ピッチ円直径について正確かつ簡単に説明することは難しいのですが、簡略化した考え方として、一対の歯車を摩擦車（2つの円板が接して動力を伝達する部品）に置き換えて、回転比（減速比、増速比）が等しくなるようにした場合の摩擦車の直径であると考えられます（図6-11）。すなわち、歯車Aと歯車Bの歯数の比（＝減速比）が1：2の場合、中心距離が等しく、ピッチ円直径の比も1：2となります。

チェックポイント　中心距離とは、一対の歯車の軸の最短距離であり、歯車の位置を決定する際に重要な値です。

歯車の機械製図

図6-12に平歯車の機械製図を示します。歯車の機械製図において、歯形は省略し、歯先円を太い実線、ピッチ円を細い一点鎖線、歯底円を細い実線（ただし断面の場合は太い実線）で作図します。

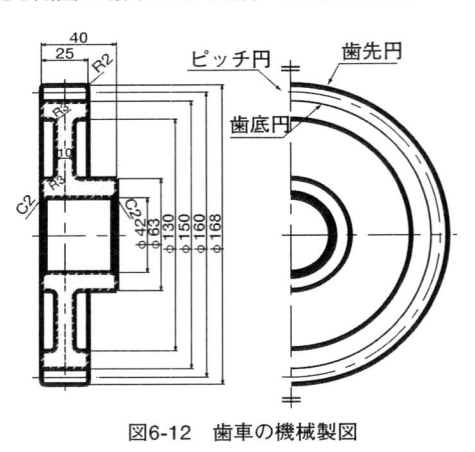

図6-12　歯車の機械製図

（2）モジュール

一対の歯車において、歯の大きさが同じでなければ、歯車は適切に機能しません。歯の大きさを表す場合、モジュールという値が使われます。モジュールm（mm）は、次式に示すようにピッチ円直径d（mm）を歯数zで除した値として定義されています。

$$m = \frac{d}{z} \tag{6-1}$$

モジュールは、歯車の大きさを表すために使われ、歯車を選定する際や歯車機構を設計する際に基準となる値です。モジュールの値が大きいほど歯の大きさが大きくなります。

モジュールmの値と歯の大きさとの関係をイメージするため、ラック（図6-8参照）における歯の大きさを求めてみます。図6-13に示すように、ピッチ円直径d（mm）、モジュールm（mm）、歯数zの歯車を考え、これをラックに置き換えます。ラックの長さは、ピッチ円の長さとなり、

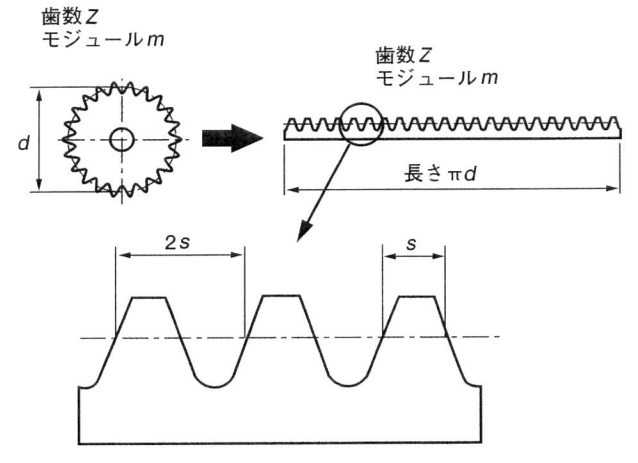

図6-13 モジュールと歯の大きさ

モジュールの標準値（mm）
0.1、0.2、0.3、0.4、0.5、0.6、0.8 1、1.25、1.5、2、2.5、3、4、5、

表6-1 JISで推奨されているモジュール

πd（mm）となります。式（6-1）より、歯数zはd/mですので、ピッチ線上の歯の厚さs（mm）は次式となります。

$$s = \frac{\pi d}{2 \cdot d/m} = \frac{\pi m}{2} \approx 1.6m \tag{6-2}$$

したがって、モジュール$m=0.5$の歯の厚さsは約0.8 mm、モジュール$m=1$の歯の厚さsは約1.6 mm、$m=5$の歯の厚さsは約8 mmであることがわかります。

表6-1にJISで推奨されているモジュールの標準値（5 mm以下の範囲で優先度が高いもの）を示します。通常、市販されている歯車は同表に示したモジュールであり、これらの中から適したモジュールを選択することとなります。

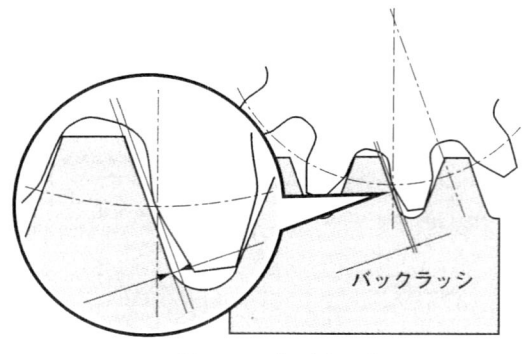

図6-14　バックラッシ

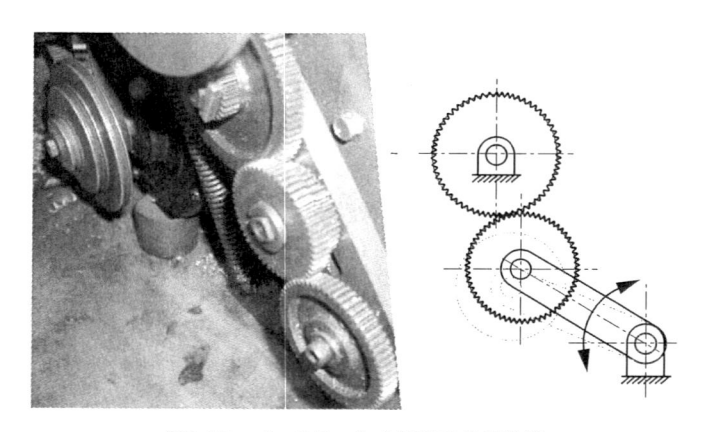

図6-15　バックラッシを調整できる機構

（3）バックラッシ

　バックラッシとは、一対の歯車をかみ合わせたときの歯面間の「遊び」のことです（図6-14）。一対の歯車を滑らかに無理なく回転させるためには、適切なバックラッシが必要です。バックラッシが小さすぎると潤滑が不十分になりやすく、歯面同士の摩擦が大きくなります。またバックラッシが大きすぎると、歯のかみ合いが悪くなり、歯車が破損しやすくなります。

　通常、中心距離を調整することにより、バックラッシを調整します。

頻繁に歯車を交換するような機械では、バックラッシを調整できる構造とすることもあります（図6-15）。また歯車を支持している軸の強度や剛性が不足していると、運転中にバックラッシが変化してしまうので注意しなければいけません。

（4）歯車の騒音

歯車は動力や運動を正確に伝えることができます。しかし歯車を高負荷・高速回転で運転すると、歯車の騒音が問題となることがあります。以下、歯車の騒音を小さくするための主な対策をまとめてみます。

①バックラッシの適切化

トルク変動が大きい状態で歯車を使用する際、バックラッシが大きいと騒音が発生しやすくなります。騒音低減のためには、バックラッシをできる限り小さくするようにします。

②かみ合い率の増加

かみ合いを大きくするほど静かになります。そのためには回転比（減速比、増速比）を必要以上に大きくしないようにします。また平歯車より、はすば歯車の方がかみ合いを大きくでき、静かになります。

③歯形の小型化

モジュールが小さいほど静かになります。モジュールをできる限り小さくするとよいのですが、強度は低下するので注意します。

④プラスチック歯車の使用

振動を吸収しやすいプラスチック歯車（図6-16）を用いることで騒音

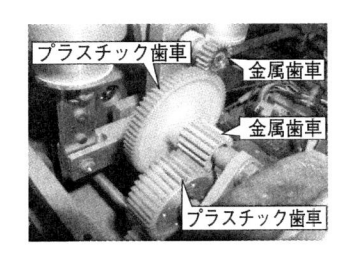

図6-16　プラスチック歯車の使用例

を低減できます。軽負荷・低速回転であればプラスチック歯車を使用できます。

⑤潤滑の適切化

　潤滑が適切でないと騒音が大きくなります。一般に粘度の高い潤滑油の方が騒音は小さくなります。

> **チェックポイント**　一対の歯車を滑らかに無理なく回転させるためには、適切なバックラッシが必要です。

6-3 ● 歯車の強度

　歯車自体を設計する場合を除き、歯車機構の設計において歯の強度を計算することはほとんどありません。通常は、歯車メーカーのカタログに記載されている許容トルクや許容伝達動力の値を参照にします。

(1) 歯車の材質

　歯車の強度は歯車の材質によって大きく異なります。市販されている歯車では、炭素鋼（S45C）やステンレス鋼（SUS304）が一般的です。モジュールが1以下の小型の歯車では、炭素鋼やステンレス鋼のほか、黄銅製（C3604B）やプラスチック製（ポリアセタールなど）の歯車が

材質	商品記号	歯幅(mm)	重量(g)	許容伝達動力 (W) 回転数 (rpm)						
				10	100	200	400	800	1200	1500
ポリアセタール	S1D 100B－0608	6	73.9	4.7	46.4	92.6	184.0	358.2	516.4	621.5
ポリアセタール(黄銅ブッシュ入り)	S1DB 100B＋1010	10	135.1	8.0	80.2	159.9	317.9	618.8	892.2	1073.7
SUS304	S1SU 100B＋0610	6	418	18.0	180.0	357.5	618.5	1059.4	1497.3	1806.0
S45C	S1SU 100B－0610F	6	514	30.0	360.0	710.0	1230.0	2110.0	2990.0	3610.0
S45C	S1SU 100B－1012F	10	753	60.0	600.0	1190.0	2060.0	3530.0	4990.0	6020.0

表6-2　歯車の材質と許容伝達動力の例（協育歯車社カタログより）

市販されています。

表6-2はモジュール1、歯数100の市販されている歯車（協育歯車社製）の許容伝達動力を示しています。同一寸法でS45C、SUS304およびポリアセタールを比較すると、S45Cが最も大きい動力を伝達でき、SUS304はその半分、ポリアセタールはその20％程度の強度です。

（2）歯車のカタログ

表6-3は、モジュール0.5の黄銅製歯車のカタログの一部を抜粋したものです。実際に歯車を使用する場合、このようなカタログから適切な歯車（形状、歯数、モジュール、材質など）を選定することとなります。また**表6-3(b)**に示すように、カタログには許容伝達動力や許容トルクが記載されているので、実際に使用する機械の動力やトルクを見積もり、歯車を選択します。

なお、**2-1節**で述べたように、動力L（出力、W）、トルクT_q（N・m）および回転数N（rpm）には次式の関係があります。

$$L = 2\pi \cdot T_q \cdot \frac{N}{60} \tag{6-3}$$

歯車の強度は歯面にかかる力（N）、すなわちトルク（N・m）に関係するため、許容伝達動力（W）は、回転数が低くなるほど小さくなります。したがって減速された歯車ほど、強度に気をつけなければいけません。

> **チェックポイント** 減速された歯車ほど、強度に気をつけなければいけません。

K1形　　　　B2形

(a) 主要寸法

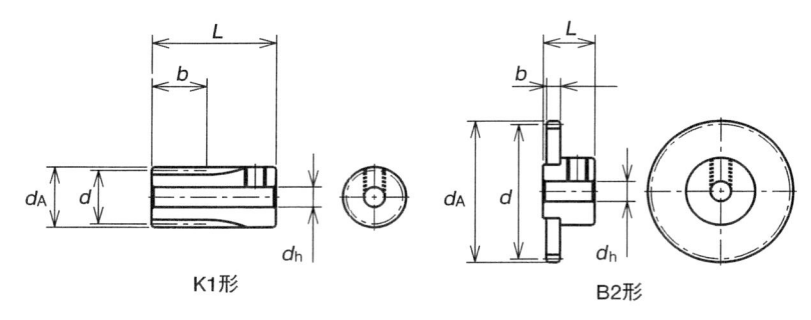

商品記号	歯数z	ピッチ円直径D (mm)	歯先円直径dA (mm)	形	歯幅b (mm)	穴径d_h (mm)	全長L (mm)
【省略】歯数10〜							
S50B 15K＋0803	15	7.5	8.5	K1	8	3	18
S50B 16K＋0803	16	8	9	K1	8	3	18
S50B 18K＋0803	18	9	10	K1	8	3	18
S50B 20K＋0803	20	10	11	K1	8	3	18
【省略】歯数20〜36							
S50B 40B＋0203	40	20	21	B2	2	3	7.5
S50B 42B＋0203	42	21	22	B2	2	3	7.5
S50B 45B＋0203	45	22.5	23.5	B2	2	3	7.5
S50B 48B＋0203	48	24	25	B2	2	3	7.5
【省略】〜歯数60							

(b) 許容伝達動力

商品記号	許容伝達動力（W） 回転数（rpm）						
	10	100	200	400	800	1200	1500
【省略】歯数10〜							
S50B 15K＋0803	0.20	1.98	3.97	7.94	15.87	23.81	29.76
S50B 16K＋0803	0.22	2.20	4.40	8.81	17.62	26.42	33.03
S50B 18K＋0803	0.26	2.65	5.29	10.59	21.18	31.76	39.71
S50B 20K＋0803	0.31	3.11	6.22	12.43	24.86	37.30	46.62
【省略】歯数20〜36							
S50B 40B＋0203	0.20	2.01	4.03	8.05	16.10	23.26	27.81
S50B 42B＋0203	0.21	2.14	4.28	8.57	17.13	24.53	29.28
S50B 45B＋0203	0.23	2.33	4.67	9.34	18.68	26.38	31.41
S50B 48B＋0203	0.25	2.53	5.06	10.12	20.22	28.21	33.50
【省略】〜歯数60							

表6-3　歯車のカタログ（協育歯車社カタログより一部抜粋）

6-4 歯車機構の設計例

本節では歯車を使ったいくつかの機械を紹介し、歯車を選定する際や歯車機構を設計する際の留意点について説明します。

(1) 人力ボートの動力伝達機構

図6-17および図6-18は、人間の力で推進する競技用ボートです。双胴船の上に自転車と同じような形状をしたフレームを取り付け、ペダルを回転させる動力を水中のプロペラに伝達しています。

このような動力伝達機構を設計する場合、歯車機構の他にも、ベルト

図6-17 人力ボートの外観

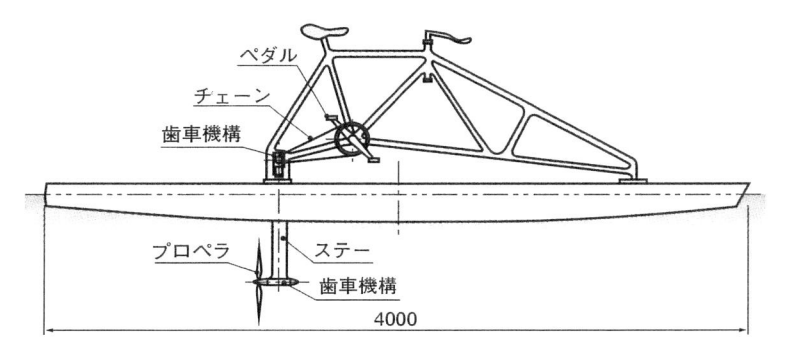

図6-18 人力ボートの構造

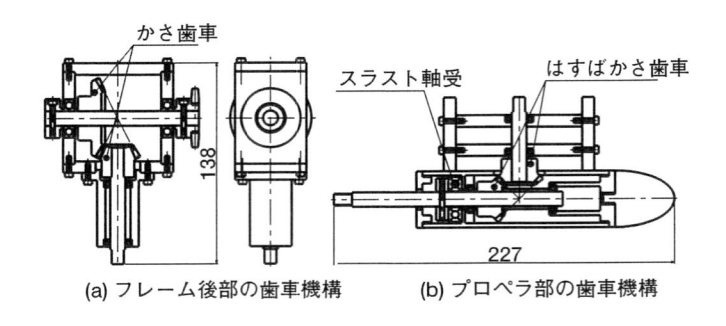

(a) フレーム後部の歯車機構　　(b) プロペラ部の歯車機構

図6-19　人力ボートの歯車機構

やチェーンなどを使う伝達機構が考えられます。まずは、どのような動力伝達機構を利用できるのか、そして、どの機構が最も適切なのかを十分に検討することが重要です。この人力ボートの場合、歯車機構を利用することで、回転軸の向きを簡単に変えることができること、水中に沈むステー部分を細くできるため、走行時の水の抵抗を小さくできることなどの理由により、フレーム後部とプロペラ部に歯車機構を用いています。

図6-19 (a)はフレーム後部の取り付けられる歯車機構です。ペダルの回転運動はチェーンにより軸に伝えられ、一対のかさ歯車で回転数を2倍に増速させるとともに回転方向を変換しています。図6-19 (b)はプロペラ部の歯車機構です。この歯車機構では、一対のはすばかさ歯車によってフレームから鉛直方向に伝えられた回転運動を水平方向へと変換しています。走行時、特に加速時にはプロペラに強い推進力が働きます。そのため歯車のバックラッシを適切に保つためにスラスト軸受を取り付けています。

(2) 模型車いすの歯車機構

図6-20は船舶バリアフリーの研究のために設計・試作した模型車いすです（図5-6参照）。この模型車いすは、船舶のような動揺した走行路面

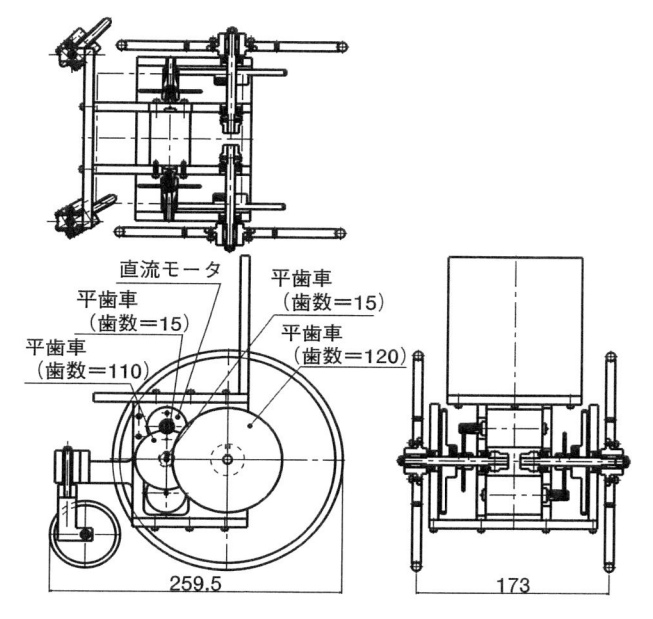

図6-20　模型車いすの構造

や傾斜した走行路面を手動車いすがどのように走行するかを調べるために設計・試作したものです。動力伝達機構の設計条件としては、傾斜角が10度の登り坂を1m/sの速度で走行できることです。駆動機構の設計手順は概ね以下の通りです。

①大まかな車輪寸法（縮尺）を決め、総重量を見積もります。
②傾斜角が10度の登り坂を目標の速度で走行するために必要な車軸のトルクおよび出力を求めます。
③模型車いすの寸法や基本構造を踏まえて、使用するモータを選定します。
④モータの定格回転数や定格出力を参照し、適切な減速比を求めます。なお機構部や走行路面の摩擦損失などを考えて、かなり余裕がある設定でなければいけません。
⑤歯車の具体的な組み合わせ・配置を決定します。必要に応じて歯車

の強度について検討します。

(3) ペンギン型水中ロボットの歯車機構

図6-21は、左右のひれを上下に羽ばたかせて推進するペンギン型水中ロボットです。このロボットでは、直流モータの回転運動を6枚の平歯車で減速して、ひれを運動させます。動力伝達機構の設計条件としては、水中での羽ばたきの周波数を4 Hz以上とすること、直流モータや駆動機構を防水ケースに内蔵するため、できる限り小型な機構を構成することです。実際には、回転運動を往復運動に変換する機構やひれにひねり運

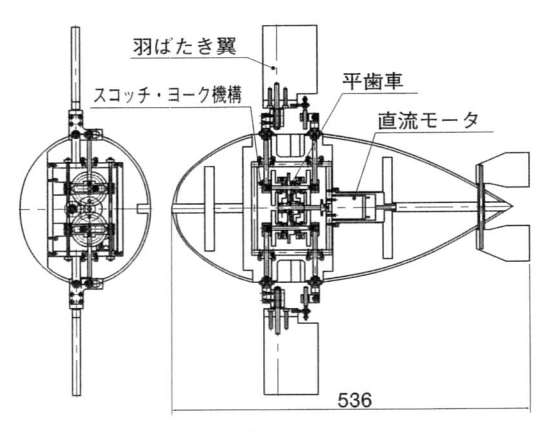

(a) 構造

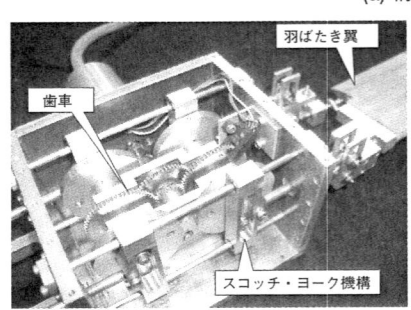

(b) 歯車機構　　　　　(c) ロボットの外観

図6-21　ペンギン型水中ロボット

動を与える機構の設計が難しいのですが、以下では歯車減速機構の大まかな設計手順を紹介します。

① 流体力学的な検討を行い、尾ひれを設定した周波数で運動させる場合のひれに作用する荷重や関節部の最大トルクを求めます。
② 平均出力(W)を求め、使用可能なモータを選定します。
③ モータの出力特性を踏まえて、歯車機構の減速比を決めます。
④ 以上の結果を踏まえて、歯車、軸、ボルトなどの要素部品の強度を検討します。
⑤ 機構の小型化や他の要素とのバランスを考え、具体的な歯車構成を決めます。
⑥ 以上の検討を繰り返し、歯車や軸の強度は十分にあるか、より小型化ができる歯車構成はないかなどを考え、全体構造との兼ね合いを見ながら詳細設計を進めていきます。

(4) スターリングエンジンのピストン駆動機構

スターリングエンジンのピストン駆動機構にも歯車を使用することがあります。例えば、図1-8に示したスターリングエンジンには、図6-22に示すロンビック機構と呼ばれる歯車を利用したピストン駆動機構が使われています。この機構は2枚の歯車の回転運動に合わせて、2つのピストンが上下運動を行います。一対の歯車が逆回転をするという特徴を活かして、ピストンを直線運動させる機構です。

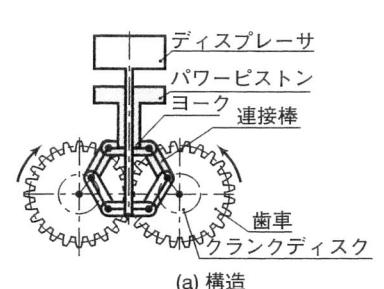

(a) 構造　　　　　　　　　　(b) 外観

図6-22　ロンビック機構

考えてみよう！

【問6-1】歯車の特徴をまとめてみましょう。

【問6-2】現状では歯車が使われていないけれども、歯車を使うことによって高性能化が図られる機械を考えてみましょう。

【問6-3】現状では歯車が使われているけれども、歯車以外の動力伝達機構を使うことによって高性能化が図られる機械を考えてみましょう。

【問6-4】図6-23に示すような模型自動車の歯車減速機構を考えます。例えば図6-24に示す直流モータを使用することとし、図6-25のカタログを参考にして減速比を1：3にする歯車を選びましょう。そして図6-23における部品Cの部品図を作図してみましょう。

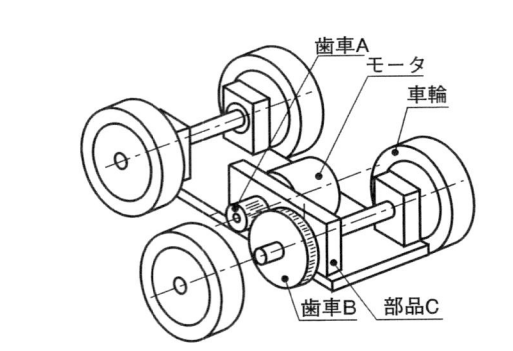

図6-23　模型自動車

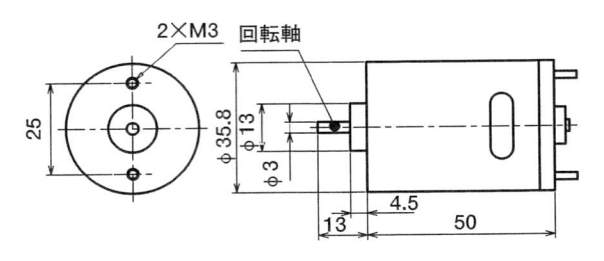

図6-24　直流モータ

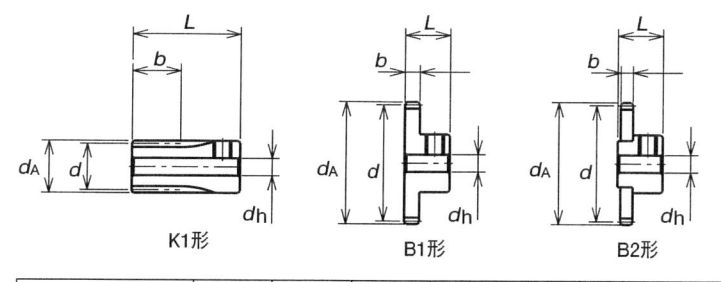

商品番号	歯数 z	ピッチ円直径 d (mm)	歯先円直径 d_A (mm)	形	歯幅 b (mm)	穴径 d_h (mm)	全長 L (mm)
S50B 15K+0803	15	7.5	8.5	K1	8	3	18
S50B 16K+0803	16	8	9	K1	8	3	18
S50B 18K+0803	18	9	10	K1	8	3	18
S50B 20K+0803	20	10	11	K1	8	3	18
S50B 20B+0303	20	10	11	B1	3	3	8
S50B 24B+0303	24	12	13	B1	3	3	8
S50B 25B+0303	25	12.5	13.5	B1	3	3	8
S50B 26B+0303	26	13	14	B1	3	3	8
S50B 28B+0303	28	14	15	B1	3	3	8
S50B 30B+0303	30	15	16	B1	3	3	8
S50B 32B+0303	32	16	17	B1	3	3	8
S50B 35B+0303	35	17.5	18.5	B1	3	3	8
S50B 36B+0303	36	18	19	B1	3	3	8
S50B 40B+0203	40	20	21	B2	2	3	7.5
S50B 42B+0203	42	21	22	B2	2	3	7.5
S50B 45B+0203	45	22.5	23.5	B2	2	3	7.5
S50B 48B+0203	48	24	25	B2	2	3	7.5
S50B 50B+0203	50	25	26	B2	2	3	7.5
S50B 55B+0203	55	27.5	28.5	B2	2	3	7.5
S50B 56B+0203	56	28	29	B2	2	3	7.5
S50B 58B+0203	58	29	30	B2	2	3	7.5
S50B 60B+0203	60	30	31	B2	2	3	7.5

図6-25 歯車のカタログ（協育歯車社カタログより一部抜粋）

第7章

シール装置の設計技術

　液体や気体を扱う機械や潤滑油を利用する機械では、流体のシール装置が重要になります。本章では、代表的なシール装置の構造とその使用方法について説明します。

7-1 シール装置の概要

　シール装置は多くの機械で使われており、油や水、空気などの流体を密封するために用いられます。例えば、**図7-1**に示すコンプレッサ（空気圧縮機）では、高圧の空気を作り出すためのピストンや高圧空気を貯めておくためのタンク、さらにピストンを駆動する機構の潤滑部分などにシール装置が使われています。それらは機械の内部に装着され、外部から見えないことがほとんどですが、シール装置の性能は機械全体の寿命やメンテナンス性などに大きく影響しますので、とても重要な要素部品の一つです。以下、シール装置の種類と概略について説明します。

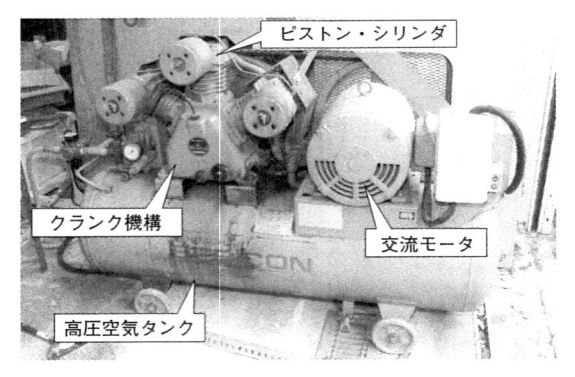

図7-1　シール装置が用いられている機械の例

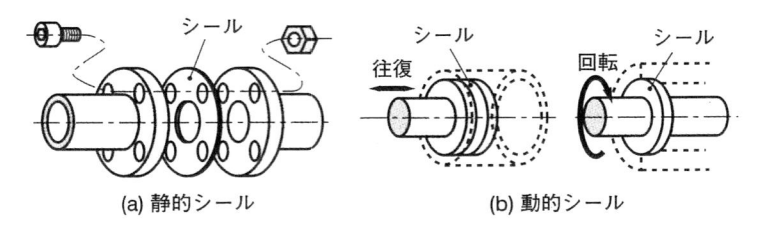

(a) 静的シール　　　(b) 動的シール

図7-2　静的シールと動的シール

(1) 静的シールと動的シール

シールは、静止面の密封に使われる静的シール（固定シール、ガスケット）と運動面の密封に使われる動的シール（運動シール、パッキン）に分類されます（図7-2）。使用する環境や機械の用途によって異なりますが、一般に動的シールは静的シールより扱いにくいシール装置です。

(2) シールする流体と周囲の環境

シール装置を使用する場合、シールの対象となる流体（液体、気体）の状態や周囲の環境を把握しておかなければいけません。検討が必要な項目は以下の通りです。

①流体の種類

シールの対象となる流体の種類によって、シール装置の設計や選定方法が異なります。一般に液体のシールは気体のシールよりも簡単です。また油やガソリン、海水など、他の材料に悪影響を与える流体をシールする場合、使用できるシール材料が制限されるので注意します。

②圧力

流体は圧力が高い方から低い方へと流れます。その圧力差が大きいほど厳重なシール装置が必要となります（図7-3）。通常、市販されている

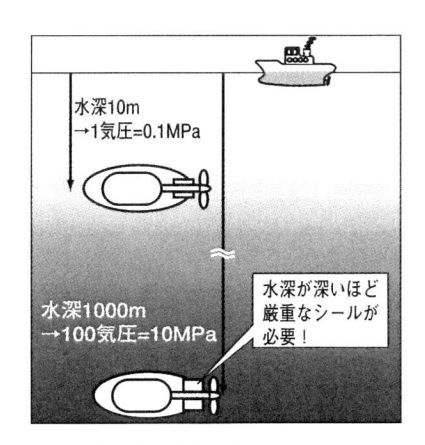

図7-3　流体の圧力とシール

シール装置は、カタログなどに使用できる圧力が表示されています。
③温度

　シール装置の設計・選定において、流体の温度（＝シール部の温度）が重要です。－40℃以下あるいは数百℃を越える温度でシールを使用する場合、シール性能を維持するのは著しく難しくなります。なお取り扱う流体の温度が室温に近い場合でも、高速で運動する動的シールなどでは、摩擦熱により温度が上昇するので注意します。

> **チェックポイント** 使用する環境や機械の用途によって異なりますが、一般に動的シールは静的シールより扱いにくいシール装置です。

（3）シール材料

　シールに使用される材料は、ゴム、樹脂、金属など様々です。その中でも適度な弾性を持つゴムは多くのシール装置に使われています。また、PTFE（四フッ化エチレン樹脂、通称：テフロン）は、耐薬品性や耐熱性に優れ、摩擦係数が極めて小さいので、摩擦損失を小さくする必要がある動的シールなどに使われています。比較的温度が高い場所で使われる場合、図7-4に示すような金属製のシールが使われます。

図7-4　メタルシール

ゴムの種類

ゴムには多くの種類があります。Oリングやオイルシールなどのゴム製シールを使用する場合、その特徴を踏まえて材料を選択する必要があります。

(1) ニトリルゴム

最も一般的なゴム材料です。適度な弾性を持つためシール性能が高く、耐油性にも優れています。

(2) シリコンゴム

耐熱性（最高225℃程度）、耐寒性（最低−60℃程度）、耐候性に優れていますが、機械的強度が低いという問題があります。

(3) フッ素ゴム

シリコンゴムよりも耐熱性が高く（最高250℃程度）、耐油性、耐薬品性にも優れています。

(4) アクリルゴム

ニトリルゴムよりもやや耐熱性に優れています。耐油性に優れており、エンジン油やギヤ油のシールに適しています。

7-2 シート状ガスケット

配管の接合部や比較的圧力差が小さい箇所のシールとして、図7-5に示すようなシート状ガスケットを用いることがあります。このようなシ

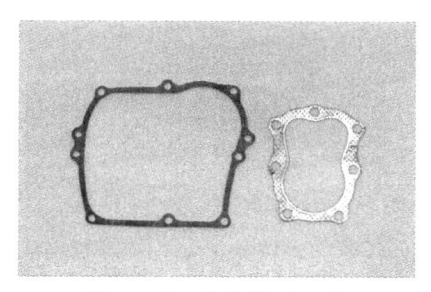

図7-5　シート状ガスケット

ート状ガスケットには比較的柔らかい材料が使われているため、任意の形状に仕上げることが比較的簡単です。以下、シート状ガスケットの特徴と設計時の注意点について説明します。

（1）シート状ガスケットの原理

　図7-6は、2枚の板材（フランジ）の間にガスケットを挿入した状態を模式的に表しています。ガスケットは、2枚の板材を締め付けることにより、弾性変形します。そして適度な力で締め付けると、板材の凸部で接触し、良好なシール特性が得られます。すなわちガスケットには適度な弾性があること、板材を適度な力で締め付けることが重要です。

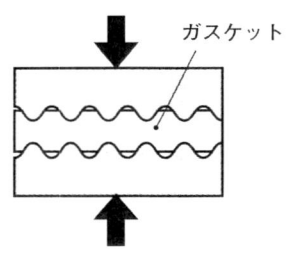

図7-6　ガスケットの原理

液状ガスケット

　機械の組立時などに、図7-7に示す液状ガスケットが使われることがあります。シール面に塗布して組み立てるだけで、比較的簡単にシールすることができます。

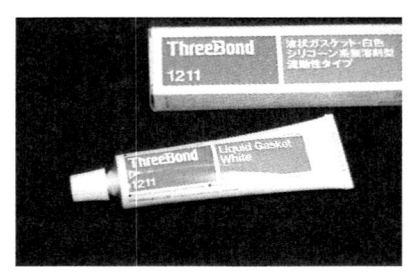

図7-7　液状ガスケット

(2) 設計時の注意事項

シート状ガスケットを使用する際の機械設計における注意点は以下の3点です。

①均等な締め付け

ガスケットは適度な力で均等に締め付けなければいけません。そのためには、締め付けるボルトの位置や本数を適切に決める必要があります（図4-42参照）。

②ガスケットの材料と締め付け力

ガスケットには金属ガスケット（メタルガスケット）とゴムや紙などの非金属ガスケット（ソフトガスケット）があります。一般に金属ガスケットは変形が小さいので、締め付け力を強くしなければいけません。そのためには締め付けるボルトの本数を増やしたり、あるいは接触面を小さくしたりするなどの工夫が必要です。一方、非金属ガスケットは、締め付け力が弱くてすみ、比較的簡単に適切なシール性能が得られます。しかし機械的強度が低いため、流体の圧力が高い場合などは壊れやすくなります。

③組立精度

ガスケットは材料の弾性変形を利用しているので、締め付けによって、組立時の締め付け方向の寸法が変わってしまいます（図7-8）。特にゴム

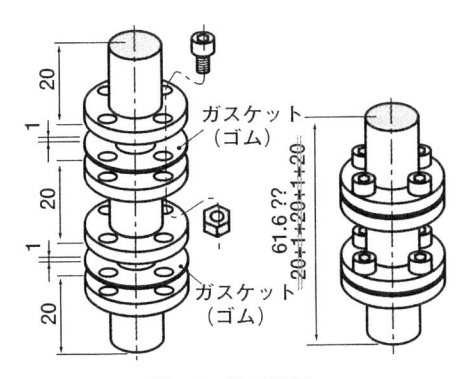

図7-8　組立精度

などの柔らかいガスケットを使用する場合やガスケットを多段に使用する場合、組立精度が低下する可能性があります。高い組立精度が必要な場合、次節で述べるOリングなどのシール装置を用いて、金属面同士が接する構造とします。

> **チェックポイント** ガスケットには適度な弾力性があること、板材を適度な力で締め付けることが重要です。

7-3 ● Oリング

図7-9に示すOリングは、断面が円形（O形）をした合成ゴム製のリングです。比較的安価で多様な寸法がそろっているので、液体や気体の静的シールおよび動的シールとして様々な機械に使われています。

（1）Oリングの装着方法

Oリングは溝に装着されます。基本的な装着方法は、図7-10に示す3種類です。

①外面への装着

図7-10(a)のように、材料の外面にOリングを装着する方法が最も簡単

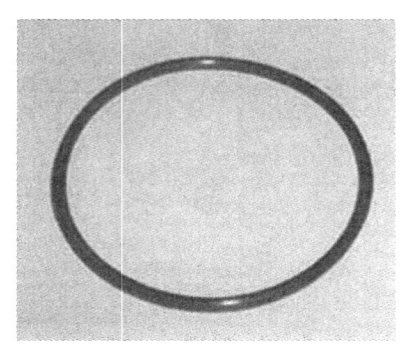

図7-9　Oリング

であり、突切りバイト（**図3-5**参照）を使った旋盤加工によって比較的簡単に溝を作ることができます。**図7-11**は魚ロボットの胴体部分のシール装置としてOリングを使用した例です。機械の寸法や構造に特別な制限を受けない場合、材料の外面にOリングを装着するとよいでしょう。

②端面への装着

機械の寸法や構造の制限を受ける場合、**図7-10(b)**のように、材料の端面にOリングを装着することがあります。**図7-12**は実験用スターリングエンジン（**図1-8**参照）のシリンダにOリングを使用した例です。高さ方向をできる限り短くする必要があったため、フランジ部の端面にOリングを装着しています。

③内面への装着

(a) 外面への装着　　(b) 端面への装着　　(c) 内面への装着

図7-10　Oリングの装着方法

図7-11　外面への装着　　図7-12　端面への装着

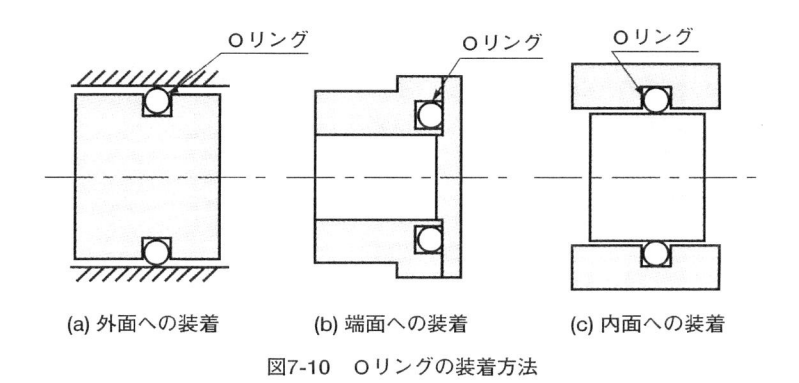

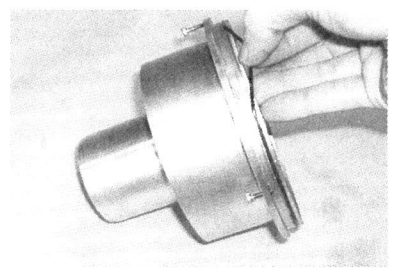

図7-13　内面への装着

　軸の運動などをシールする場合、**図7-10(c)**のように、材料の内面にOリングを装着することがあります（**図7-13**）。内面への装着は、Oリング溝の加工が難しくなるため、上述の外面や端面に装着できる場合には採用しない方がよいと言えます。

（2）Oリングのカタログ

　主要なOリングはJISによって規格化されており、通常はOリングの寸法に合わせて機械の寸法を決定します。**表7-1**はOリングのカタログ（NOK社）の一部を抜粋したものです。このように、Oリング溝の寸法や公差などはカタログに記載されています。

（3）設計時の注意事項

　以下、Oリングを使用する際の機械設計における注意点をあげておきます。
①Oリング溝の寸法
　Oリングを適切に機能させるためには、カタログに記載されている通りにOリング溝の寸法許容差を指定する必要があります（**図7-14**）。
②傷の防止
　Oリングに傷があると、適切なシール性能が保たれなくなります。通常、OリングやOリングに接する部品の脱着時に傷をつけやすいので、部品の穴部や軸部に十分な面取り加工を施す必要があります（**図7-15**）。

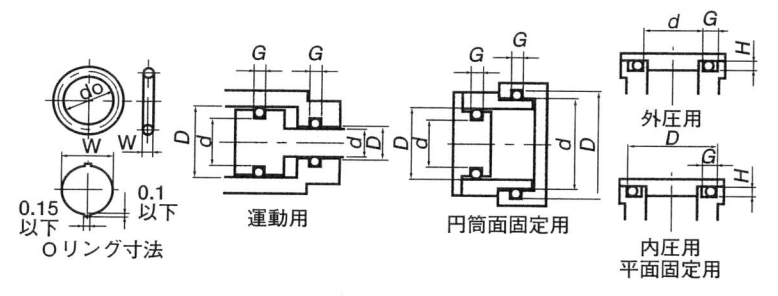

単位：mm

NOK部品番号	JIS呼び番号	Oリングの寸法			溝部の寸法						
		太さW	内径 d_0	内径の許容差[*1]	d寸法		D寸法		G寸法		H寸法	
					寸法	許容差	寸法	許容差	寸法	許容差	寸法	許容差
CO 0000	P3	1.9±0.08	2.8	±0.14	3	0	6	+0.05	2.5	±0.25	1.4	±0.05
CO 0007	P10		9.8	±0.17	10	-0.05	13	0				
CO 0008	P10A	2.4±0.09	9.8	±0.17	10	0	14	+0.06	3.2		1.8	
CO 0020	P22		21.8	±0.24	22	-0.06	26	0				
CO 0019	P22A	3.5±0.1	21.7	±0.24	22	0	28	+0.08	4.7		2.7	
CO 0049	P50		49.7	±0.45	50	-0.08	56	0				
CO 0045	P48A	5.7±0.13	47.6	±0.44	48	0	58	+0.10	7.5		4.6	
CO 0081	P150		149.6	±1.19	150	-0.10	160	0				
CO 0080	P150A	8.4±0.15	149.5	±1.19	150	0	165	+0.10	11.0		6.9	
CO 0121	P400		399.5	±2.82	400	-0.10	415	0				

[*1] シール材料によって許容差は異なる。

表7-1　Oリングのカタログ（NOK社カタログより一部抜粋）

例：P50を円筒外面に装着する場合

圧力条件によって許容差は異なる

図7-14　Oリング溝の寸法

③溝部の表面粗さ

Oリングを適切に機能させるためには、Oリングが接触する部分を滑らかな表面粗さにしなければいけません。一般に、固定用（静的）よりも運動用（動的）の方が高い表面粗さ精度が要求されます（**表7-2**参照）。

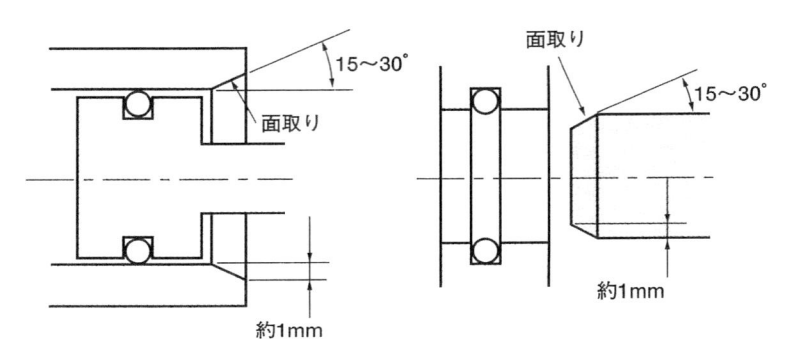

図7-15 Oリング取り付け部の面取り

機器の部分	運動用 (Rmax)	固定用 (円筒面) (Rmax)
シリンダ内面・ピストンロッド外面	1.6S	6.3S
溝の底面	3.2S	6.3S
溝の側面 (バックアップリングなし)	3.2S	6.3S

(a) 運動用および固定用（円筒面）

機器の部分	圧力変化・大(Rmax)	圧力変化・小(Rmax)
フランジなどの接触面	6.3S	12.5S
溝の側面	6.3S	12.5S
溝の底面	6.3S	12.5S

(b) 固定用（平面）

表7-2 Oリング接触部の表面粗さ（NOK社カタログより一部抜粋）

> **チェックポイント** 主要なOリングはJISによって規格化されており、通常はOリングの寸法に合わせて機械の寸法を決定します。

7-4 オイルシール

　図7-16に示すオイルシールは、様々な機械の回転部分に使用され、主に内部からの潤滑油の漏れを防ぐと同時に、外部からの異物の進入を防ぐために使われています。通常、機械の外からは見えないことが多く、地味な要素部品ですが、内部に潤滑油を貯めている機械では多くのオイルシールが使われています。

(1) オイルシールの構造
　図7-17にオイルシールの構造を示します。オイルシールには様々な形

図7-16　オイルシール

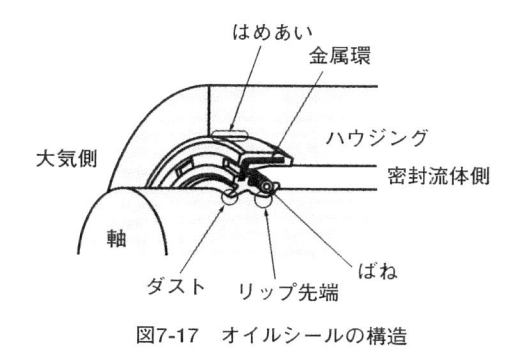

図7-17　オイルシールの構造

状がありますが、一般にゴム材料のくさび状のリップがあり、リップ外側のばねにより、リップ先端を軸の表面に押し付けて密封しています。また機械的強度を保つために、金属板によって外周部を補強している形式がよく使われます。

(2) オイルシールの寸法

オイルシールは、各シールメーカーによって様々な形式・材質のものが市販されています。しかし、その主要寸法（取付寸法）はJISによって規格化されているので、通常の機械設計においては規格化されたオイルシールに合わせて部品形状を決めます。**表7-3**にオイルシール寸法の一例を示します。

(3) 設計時の注意事項

以下、オイルシールを使用する際の注意事項をあげます。
①傷の防止

Oリングと同様、オイルシールのシール面（主としてリップ部分）に傷がつくと、適切なシール性能が保たれなくなります。通常、オイルシ

内径d (mm)	外径D (mm)	幅b (mm)	内径d (mm)	外径D (mm)	幅b (mm)
10	20	7	15	25	7
	22			26	
	25			30	
11	22	7	16	35	7
	25			28	
				30	
12	22	7	17	30	8
	24			32	
	25				
	30		18	30	7
13	25	7		35	
	28		20	32	8
14	25	7		35	7
	28			40	

表7-3　オイルシールの寸法（JIS B2402より一部抜粋）

ールを脱着する際に傷をつけやすいので、部品の穴部や軸部に十分な面取り加工を施す必要があります（図7-18）。

② ハウジング穴の寸法

オイルシールを取り付ける穴（ハウジング穴）は、使用するオイルシールの形式、寸法に適した寸法に仕上げる必要があります。**図7-19**に示すように、オイルシールを適切に挿入するためのハウジング内径のはめあい（寸法公差）、オイルシール外面のシールを保つための表面粗さの指定が必要になります。また挿入時にオイルシールを傷つけないために

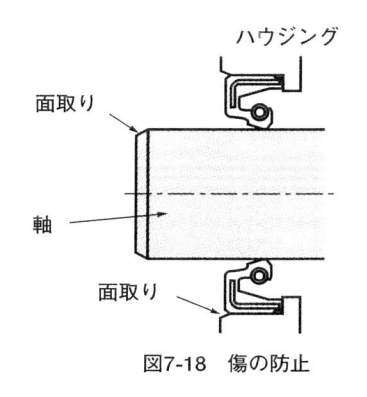

図7-18　傷の防止

例：軸径20 mm、オイルシール外径32mm、幅8mmの場合

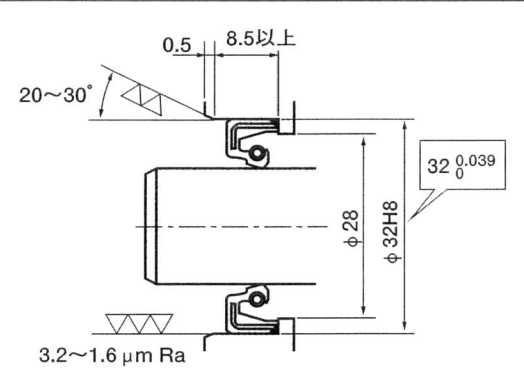

図7-19　ハウジングの寸法

面取り部にも表面粗さを指定します。

③軸の寸法と表面粗さ

　同様にオイルシールに挿入される軸のはめあい（寸法公差）や表面粗さ、表面硬さも使用するオイルシールの形式や状態に合わせる必要があります（**図7-20**参照）。適切な軸が使用されないと、シール性が保たれないだけでなく、リップの摩耗が大きくなったり、あるいは軸を傷つけたりします。

④軸心

　オイルシールはラジアル荷重やスラスト荷重を受けることはできない

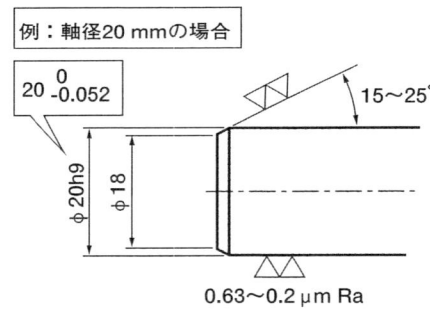

図7-20　軸の寸法と表面粗さ

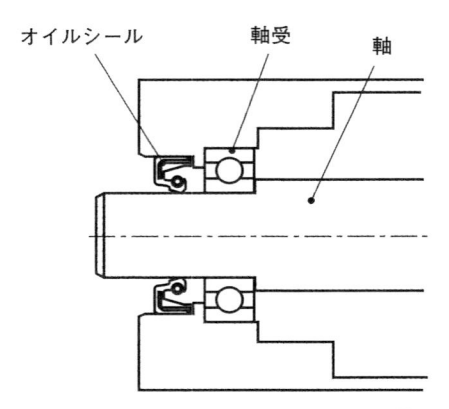

図7-21　軸心を合わせるための構造

ため、軸受（**5-4節**参照）として使うことはありません。通常、オイルシールを使用する場合は軸受と併用し、軸とオイルシールの軸心を正確に合わせなければいけません（図7-21）。

> **チェックポイント** オイルシールを脱着する際に傷をつけやすいので、部品の穴部や軸部に十分な面取り加工を施す必要があります。

7-5 シール装置の使用例

図5-8および図5-36に示した実験用スターリングエンジンには、多くのシール装置が使われています（図7-22）。このエンジンを例にとり、以上にあげたシール装置やその他のシール装置の使用例を紹介します。

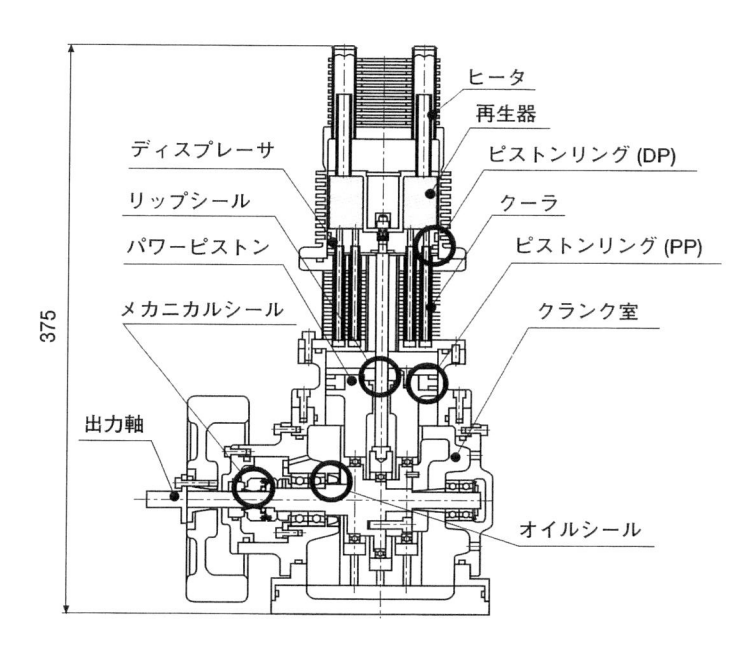

図7-22　実験用スターリングエンジンのシール装置

(1) Oリングの使用例

このエンジンは、運転時に約 1 MPaのヘリウムガスが封入されます。各部品の固定部分では、そのシール装置として、Oリングが使用されています（**図7-23**）。静的シールとして使用しているため、比較的簡単に漏れを止めることができます。しかしゴム製のOリングは、温度が高い箇所では使用できないので、高温シリンダ部はろう付けによる一体構造としています。

(2) メカニカルシール

エンジンの出力を外部に取り出すため、回転軸部に動的シールが必要です。高圧のヘリウムガスをシールし、しかも摩擦損失が少なくなければいけません。本エンジンではメカニカルシールと呼ばれるシール装置を使用しています（**図7-24**）。メカニカルシールは、**図7-25**に示すようにシール面をばねの力で押し付けることで密封しています。

また、メカニカルシールには、焼き付きや摩耗を防止するため、潤滑油を供給する必要があります。そのため、潤滑油を貯めておく部屋を設け、その潤滑油がクランク室に侵入しないようにオイルシールを用いています。

(3) ピストンリング

スターリングエンジンは、パワーピストンの両端の圧力差を利用して

図7-23　Oリングの使用例 　　　　図7-24　メカニカルシール

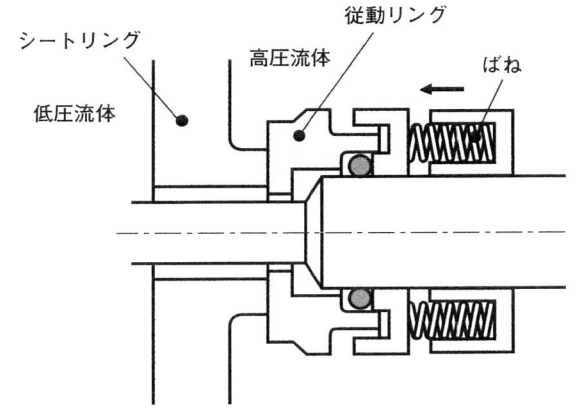

図7-25　メカニカルシールの構造

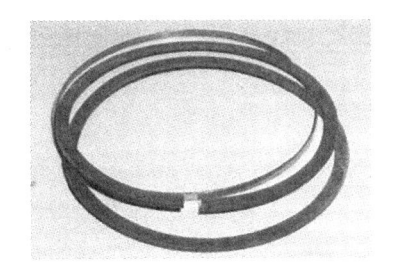

図7-26　ピストンリング

外部への仕事を発生させています。したがってエンジンの出力低下を防ぐため、ピストンからのガスの漏れをできる限り押さえなければいけません。しかもガソリンエンジンなどの内燃機関と異なり、スターリングエンジンは構造上、ピストンのシールに潤滑油を使うことができないので、シール性や摩擦損失、シール材料の摩耗の点で不利になります。そのようなことから、このエンジンでは、**図7-26**に示すPTFE（テフロン）製の分割式ピストンリングを使用しています。

（4）リップシール

　本エンジンでは、ディスプレーサの往復動ロッドにリップシールと呼

図7-27　リップシール

ばれるシールを使用しています（図7-27）。リップシールは、オイルシールと同様の原理で、リップを軸に押し付けて密封しています。本エンジンでは、シール面がPTFE製のリップシールを使用しており、できる限り摩擦損失を押さえるようにしています。このようなシールは、高い軸心精度が要求されるため、設計時および組立時に細心の注意を払う必要があります。

(5) 配管のシール

　ヘリウムの吸入部や測定機器の取り付け部などの配管には、市販されている配管部品を使用しています。最も代表的な配管部品として、スウェジロック社のチューブ継手部品があります（図7-28）。これは、継手部品を締め付けることで内部の部品がチューブに強く押し付ける構造をしており、かなり高い圧力まで使用できます。

図7-28　配管のシール

配管部品

気体や液体を扱う流体機械を設計する場合、配管の知識や技術が重要になります。図7-29に示すような多くの規格化された配管部品があり、それを組み合わせれば1 MPa（10気圧）程度、あるいはそれ以上の圧力のシールも簡単です。

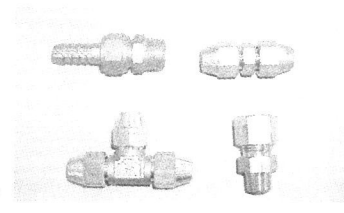

図7-29　配管部品

考えてみよう！

【問7-1】船には、室内への水の侵入を防ぐための段差付きのドアがあります（図7-30）。これは船の安全を保つために必要な構造なのですが、同時に車いす利用者や高齢者の大きな障害となっています。この問題を解決する方法を考えてみましょう。

【問7-2】図7-31に示す水密ケースを設計します。Oリングのカタログ（図7-32）を参考にして、フタの部品図を作図してみましょう。

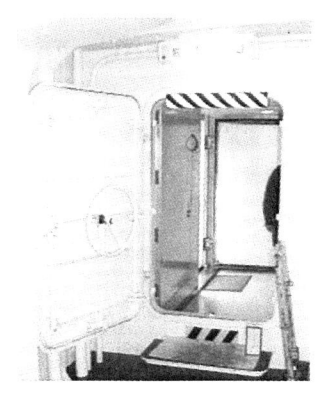

図7-30　船の段差付きのドア　　図7-31　水密ケース

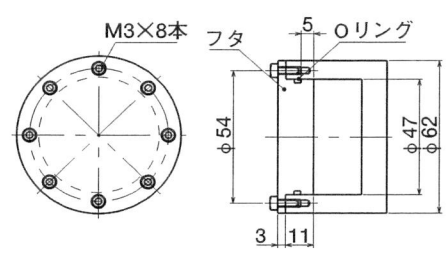

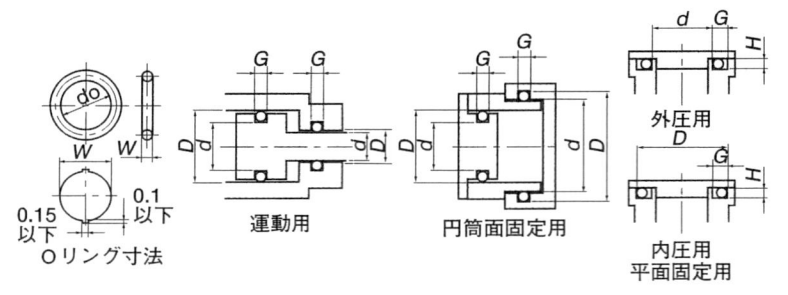

単位：mm

呼び番号	Oリングの寸法			溝部の寸法							
	太さW	内径 d_o	内径の許容差[*1]	d寸法		D寸法		G寸法		H寸法	
				寸法	許容差	寸法	許容差	寸法	許容差	寸法	許容差
S35		34.5		35		38					
S35.5		35		35.5		38.5					
S36		35.5	±0.15	36		39					
S38		37.5		38		41					
S39	2.0±0.1	38.5		39	0	42	0.05	2.7	0.25	1.5	0
S40		39.5		40	-0.15	43	0		0		-0.1
S42		41.5		42		45					
S44		43.5	±0.25	44		47					
S45		44.5		45		48					
S46		45.5		46		49					

[*1] シール材料によって許容差は異なる。

図7-32 Oリングのカタログ

【問7-3】図7-33に示すように、直径20mmの軸に外径35mmのオイルシールを取り付けます。図7-34のカタログおよび図7-35の資料を参考にして、ハウジングの部品図を作図してみましょう。

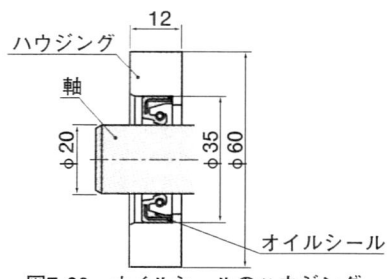

図7-33 オイルシールのハウジング

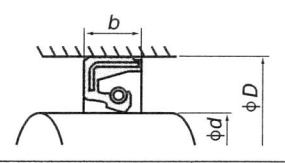

寸法			部品番号
軸径 d	外径 D	幅 b	
17	30	6	AC 0742 E0
17	32	7	AC 0750 E1
17	35	6	AC 0758 E0
18	30	7	AC 0816 E0
18	32	9	AC 0825 E0
18	35	7	AC 0828 E0
19	30	8	AC 0864 F0
19	35	8	AC 0875 A0
19	40	10	AC 0883 E0
20	30	9	AC 0987 E0
20	32	8	AC 0997 E0
20	35	7	AC 1012 E0
21	35	7	AC 1084 E1
22	32	7	AC 1116 E3
22	35	7	AC 1126 F0

*NOK社、オイルシールカタログ（Cat. No. 014-07-98）より抜粋

図7-34　オイルシールのカタログ

内圧がかからない場合のハウジング穴の形状と寸法

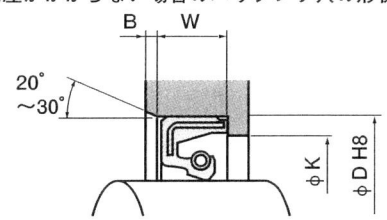

ハウジング穴の寸法　　単位：mm

オイルシールの呼び幅（d）	Wの最小寸法	B
6以下	b+0.5	1.0
6を超え10以下	b+0.5	1.5
10を超え14以下	b+0.5	2.0
14を超え18以下		2.5
18を超え30以下	b+1.0	3.0

単位：mm

オイルシールの呼び外径（D）	K
50以下	D-4
50を超え150以下	D-6
150を超え300以下	D-8

*NOK社、オイルシールカタログ（Cat. No. 014-07-98）より抜粋

図7-35　オイルシールのハウジング形状

第8章

市販部品を利用する設計

　前章までに、ねじ、歯車、軸受やカップリング、さらにシール装置などの要素部品を紹介してきました。そのような規格化あるいは製品化されている要素部品を積極的に利用することで、機械の設計や製作を迅速に行うことができます。本章では、様々な機械の動力源として利用されている電気モータや、機械の高機能化に欠かせないメカトロニクス技術、さらに前章までに紹介しきれなかった機械要素部品を紹介します。

8-1 ● 電気モータ

　機械は原動機によって動かされます。主な原動機として、熱エネルギーを利用した熱機関（エンジン）と電気エネルギーを利用した電気モータがあります。エンジンは燃料を補給するだけで高出力な機械的エネルギーが得られるため、船舶や自動車などの輸送機械や電気エネルギーを作り出すための発電機などに使われています。一方、電気モータはバッテリ（電池）や発電所から送電される電力を利用して、主に屋内で利用する機械で利用されています。

（1）モータの種類と特徴

　電気モータは使用する電源の種類（直流・交流）、出力レベル、制御方法など様々な形式のものが市販されています。以下、代表的な電気モータの特徴と使用例を紹介します。

①直流モータと交流モータ

　電気モータには、乾電池に代表されるような直流電源を使用する直流モータと、家庭のコンセント（100 V）に代表されるような交流電源を使用する交流モータがあります。これらのモータは、その大きさや構造、制御方法が様々であるため、一概に特徴を比較することはできません。以下、それらの最も代表的な特徴を説明します。

　図8-1に示す直流モータは、与える電圧に応じて回転数・出力を制御でき、しかも応答性がよく、扱いやすいという特徴があります。そのため小型機械やバッテリを使用する機械の原動機として使われることがあります。また制御性に優れ、効率が高いため、最近までは鉄道用モータとしても使用されてきました。しかし交流モータと比べて価格が高く、ブラシという消耗部品が存在するため、信頼性に問題があります。

　図8-2に示す交流モータは、価格が安く、大型化・大出力化が容易です。そのため工作機械をはじめとする汎用モータとして広く使用されて

図8-1　直流モータの例

図8-2　ボール盤に使われている交流モータ

図8-3　ステッピングモータの例

第8章 ● 市販部品を利用する設計

います。

②ステッピングモータ

図8-3に示すステッピングモータは、ステップモータあるいはパルスモータなどとも呼ばれます。回転角度が、デジタル入力によるパルスの数に比例するという特徴があります。この特徴からステッピングモータは、高精度な運動を必要とする機械に使用されています。なお応答速度は他のモータと比べて遅く、パルスを発生させるための回路（ドライバ）が必要となります。図8-4に示す模型車いすでは、左右後輪に正確な回転運動を与える必要があったため、ステッピングモータを使用しています。

③サーボモータ

サーボ制御（サーボ機構）は自動制御機構の一つであり、制御の対象の状態を測定し、基準値と比較して自動的に修正制御するものです。すなわち任意の回転角度に合わせる制御機構を持つモータをサーボモータと呼んでいます。

図8-5に示すラジコン模型に使われているサーボモータは、小さいケースに小型の直流モータ、歯車減速機構および回転角度センサ（回転式可変抵抗）およびサーボ制御のための電子回路が内蔵されています。ラジコン模型用サーボモータは、扱いやすく、しかも安価であるため、前

(a) 模型車いす 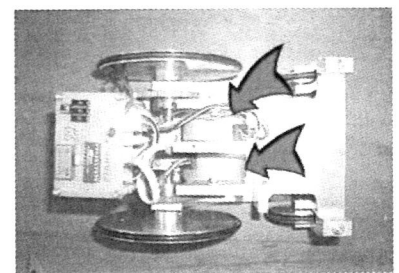　　　　　　　　(b) ステッピングモータ

図8-4　ステッピングモータを用いた模型車いす

図8-5 ラジコン模型用サーボモータ

図8-6 動揺台

章までに紹介してきた魚ロボットなどにも利用されています。

図8-6に示す船舶バリアフリー研究に用いる動揺台(ターンテーブル)では、出力200Wのサーボモータが使用されています。本動揺台では、5つのモータをサーボ制御することで、直径3mのテーブルを最大2度の傾斜角度、2秒～10秒程度の周波数で揺らすことができます。

ハイブリッド自動車

図8-7はガソリンエンジンと電気モータを組み合わせた自動車用ハイブリッドシステムです。本システムは、エンジンの出力を最適な配分で車輪の駆動と発電機に分割し、発電した電気でモータを回して走行を補助しています。エンジンとモータをうまく組み合わせることによって、低公害で高効率な動力システムを実現しています。

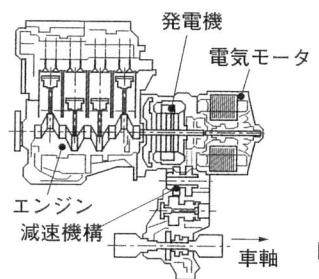

図8-7 自動車用ハイブリッドシステム(トヨタ自動車)

(2) モータを使用する際の注意点

実際の機械設計において、電気モータを選定する場合、使用する機械に必要な出力やトルク、あるいは回転数、制御方式などをしっかりと検討しなければいけません。以下、モータを使用する際の主な注意点をあげます。

①モータの特徴

モータには多くの種類があります。それぞれのモータの特徴を踏まえて、使用する機械に最も適したモータを選択します（**表8-1**）。

②トルクと回転数

モータの動力を機械の運動に利用する場合、その機械に必要とされるトルク、出力、回転数に適したモータを選定します。通常、モータのカタログには、定格トルクや定格回転数などが表示されていますので（**表8-2参照**）、それらと機械の仕様を比較・検討し、モータを選定します。

	直流モータ（ブラシ付き）	ステッピングモータ	交流モータ（インダクションモータ）
長寿命		○	○
低速回転		○	○
高効率	○		
低コスト	○		○
位置決め制御		○	
静粛性		○	○
高トルク	○	○	○
小型	○	○	

表8-1　電気モータの特徴

マブチRS-540SH	
限界電圧	12.0V
適正電圧	7.2V
適正負荷	200g·cm
無負荷回転数	15,800rpm
適正負荷時 回転数	14,000rpm
適正負荷時 消費電流	6.0A
シャフト径	3.17mm

表8-2　電気モータの性能表（マブチRS-540SH）

なお。モータの回転軸をそのままの状態で機械の運動に利用することは少なく、歯車機構などにより減速するのが一般的です。
③電源の検討
　交流電源を使用する場合、家庭用コンセントや工場の配電盤などの容量（通常は最大電流）や形態（単相または三相）、電圧（100 Vまたは200 V）などを確認する必要があります。またバッテリや乾電池を使う場合、連続使用時間が問題となることがあります。そのような場合、電気モータの消費電力に見合った容量を持つバッテリを選ぶか、あるいは高効率な電気モータを選ぶことになります。

> **チェックポイント** モータの回転軸をそのままの状態で機械の運動に利用することは少なく、歯車機構などにより減速するのが一般的です。

8-2 ● メカトロニクス

　メカトロニクスとは、エレクトロニクス（電子工学）の技術と機械を結び付けたものであり、機械の制御などに電子技術を応用し、機械の高性能化・自動化を図るために利用されます。最近では半導体製造技術の発展により、日常使われる多くの機械が電子制御化されています。以下、機械の制御について簡単に説明し、メカトロニクスの基礎となるセンサとマイクロコンピュータについて簡単に説明します。

（1）機械の制御

　機械の制御とは、目的とする状態に保つために適当な操作を加えることです。一般に、機械工学の分野においては、人間が操作することなく、自動的に制御すること（自動制御）を指します。すなわち、機械を自動制御化することによって、人間への負担が低減できると同時に、機械は適切な運転状態に保たれることになります。
　機械の自動制御の歴史は古く、18世紀に開発されたワットの蒸気機関

にも、エンジン回転数を一定に保つための自動制御装置（遠心調速機）が取り付けられていました（**図8-8**）。遠心調速機は、おもりの遠心力と地球の重力とのつり合いによって、バルブの開閉を行っています。

一方、最近ではマイクロコンピュータをはじめとする電子技術が発展したため、多くの機械に電子制御が利用されています（**図8-9**）。

(2) センサ

センサには光を利用したもの、超音波を利用したもの、磁気や電気を

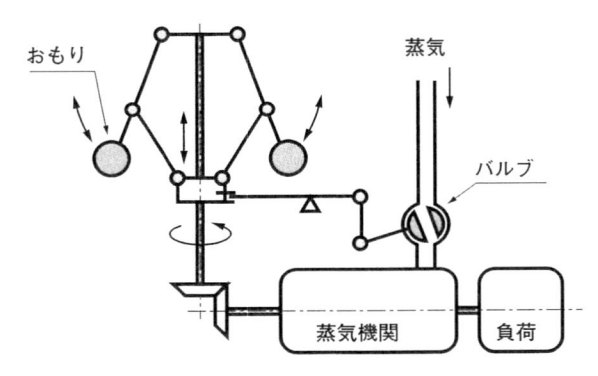

図8-8　蒸気機関の遠心調速機

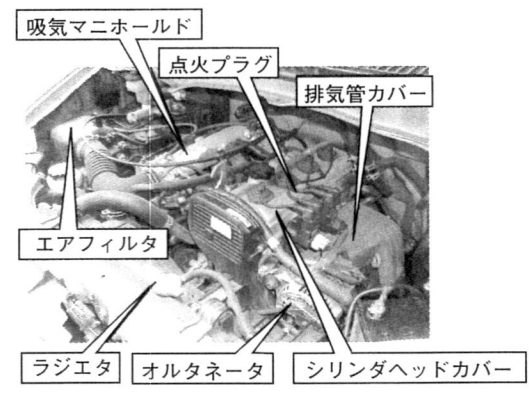

図8-9　自動車の電子制御エンジン

利用したものなど様々な種類があります。以下、機械の計測や制御に使われるセンサの一部を紹介します。

①荷重センサ

荷重を測るセンサの代表例として図8-10に示すひずみゲージがあります。これは荷重が加わる材料に専用の接着剤で貼り付けて使用します。8-6節で紹介する計測用車いすにおいて、駆動トルクを測定するために使用しています。また、ひずみゲージを利用したロードセルと呼ばれる荷重センサも市販されています（図8-11）。

②圧力センサ

流体機械やエンジンを扱う場合、流体の圧力を測定することがあります。圧力センサには、ひずみゲージを利用したものや半導体を利用したものなど様々なものが市販されています。図8-12はスターリングエンジンの実験に使用したひずみゲージ式圧力センサです。

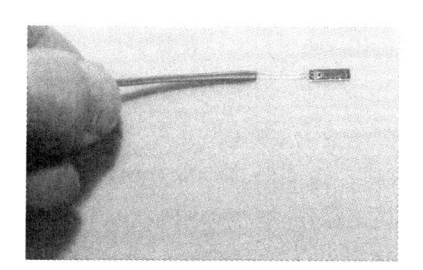

図8-10　ひずみゲージ

図8-11　ロードセル（共和電業社製）

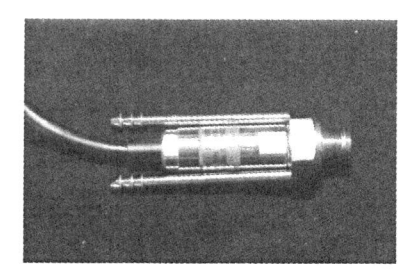

図8-12　圧力センサ（共和電業社製）

図8-13　フォトインタラプタ
（オムロン社製）

③位置センサ

オートメーション機械などで部品（品物）の位置を検知するために、光を利用したセンサが使われることがあります。図8-13に示すフォトインタラプタと呼ばれるセンサは赤外線を利用したセンサであり、センサ先端に赤外線の発光素子と受光素子が取り付けられており、凹部内の物体の有無を検知できます。

④回転角度センサ

サーボモータの制御をはじめ、機械運動部の回転角度を測定することがあります。図8-14に示すロータリエンコーダは回転角度を正確に検知し、パルス状の電気信号を出力するセンサです。8-6節で紹介する計測用車いすにおいて、後輪の回転角度を測定するために使用しています。

⑤変位センサ

距離や長さを測定するセンサとして、レーザ変位センサ（図8-15）や渦電流式変位センサ（図8-16）があります。図8-17は、変位センサを用いてスターリングエンジンのピストン位置を測定している例です。

⑥温度センサ

主として熱機械において、温度を測定することがあります。最も代表的な温度センサは、図8-18に示す熱電対です。図8-19に示す実験用スターリングエンジンにおいては、ステンレス製のパイプの内部に熱電対を挿入し、作動ガスの温度を測定しています。

図8-14　ロータリエンコーダ
（オムロン社製）

図8-15　レーザ変位センサ
（キーエンス社製）

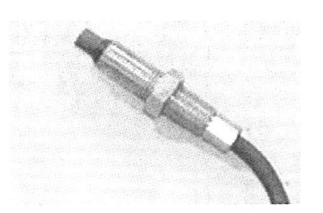

図8-16 渦電流式変位センサ

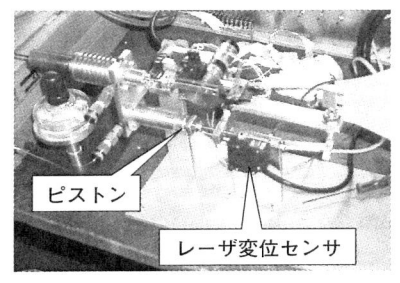

(a) レーザ変位センサ　　　　(b) 渦電流式変位センサ
図8-17 変位センサの使用例

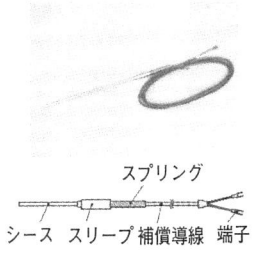

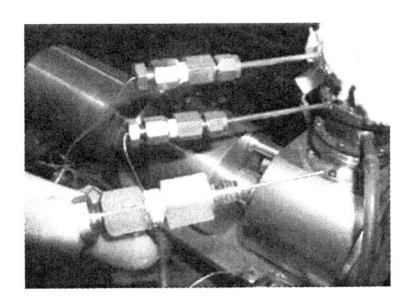

図8-18 熱電対　　　　図8-19 熱電対の使用例

> **チェックポイント**　センサには光を利用したもの、超音波を利用したもの、磁気や電気を利用したものなど様々な種類があります。

(3) マイクロコンピュータ

　通常、マイクロコンピュータの原理や構造、あるいはプログラミングは機械設計の範囲ではありません。しかし機械にマイクロコンピュータ

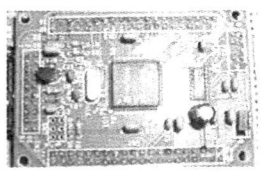

　　　　(a) PICマイコン　　　　(b) AVRマイコン　　　　(c) H8マイコン
　　　　　　　図8-20　市販されているマイクロコンピュータ

を組み込むことは多く、実際には機械の設計段階でその使用方法や制御方法を考えるのが普通ですので、機械設計者はマイクロコンピュータについての簡単な知識を持っておく必要があります。また最近のマイクロコンピュータはとても使いやすくなりました。比較的初歩的なプログラミングの知識と簡単な装置（マイコンにプログラムを打ち込むための装置など）があれば、機械を簡単に高機能化することができます。マイクロコンピュータを使いこなすことができれば、機械設計の幅が広がります。積極的に利用したい要素部品の一つです。

　図8-20は、市販されているマイクロコンピュータの一例です。入出力端子の数やプログラムの開発環境など異なる点もありますが、機械制御あるいは機械設計の面からはそれほど大きな相違はありません。各設計者あるいは使用者が扱いやすいものを選びます。

(4) メカトロニクス機械の設計例

　以上のようなセンサおよびマイクロコンピュータ、図8-5に示したサーボモータを利用した簡単なメカトロニクス機械を紹介します。図8-21は、船舶のような動揺条件下でも車いすを安定して走行させることを目指した走行補助装置です。車いすを動揺条件下で操作する場合、状況に応じてブレーキ力を調整する必要があります。この装置では、マイクロコンピュータとサーボモータを用いることにより、任意にブレーキ力を調節できる構造としています。また振り子を応用した傾斜角センサを製作し、車いすの左右方向の傾斜角度が約３度および５度の際に２段階で

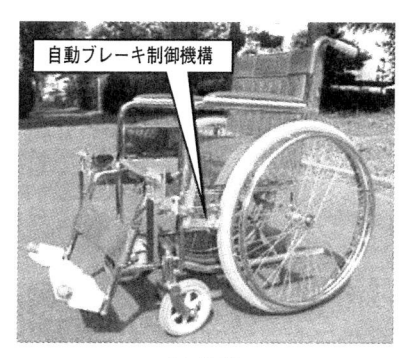

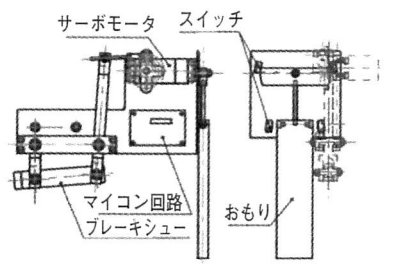

(a) 外観　　　　　　　　(b) 構造

図8-21　車いす走行補助装置

マイクロスイッチが作動します。このスイッチの組み合わせで、サーボモータの運動を制御しています。

8-3 回転運動伝達部品

　第6章で紹介した歯車をはじめ、前章までにもいくつかの回転運動を伝えるための要素部品について紹介してきました。実際の機械では、歯車以外にも多くの種類の要素部品が使われています。

（1）チェーン
　自転車や自動二輪車の動力伝達に使われているチェーン（図8-22）は、滑りがなく大きい動力を確実に伝えることができます。しかし後述するベルトと比べて重いという欠点があります。そのため、比較的低い運動速度の場合に使用されます。

（2）ベルト
　ゴムなどの軟質材料を使用したベルトによる動力伝達は、軽量で、静

粛であるという特徴があります。また衝撃的な荷重をベルトで吸収でき、潤滑の必要がないことが大きな特徴です。**図8-23**に示すVベルトや**図8-24**に示す歯付きベルト（タイミングベルト）などがよく使われています。

（3）クラッチ

クラッチは動力の伝達と遮断に使われます。クラッチは原動機を回転させた状態で必要に応じて動力を伝達したり、あるいは遮断したりするのが基本的な使い方です。機械の手動運転と自動運転の切り換えや動力源あるいは負荷が2系統ある場合の制御などにも使用されます。

クラッチの構造・形式は様々です。機械式、油圧式あるいは空圧式の多板クラッチは比較的大きい動力を伝達・遮断することができます。**図8-25**に示すワンウェイクラッチは、一方への回転が伝達され、逆方向に回そうとすると空転する構造となっています。**図8-26**に示す電磁クラッチは電磁石の作用を利用して動作します。

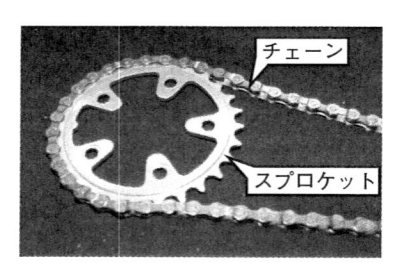

図8-22　チェーン

図8-23　Vベルト

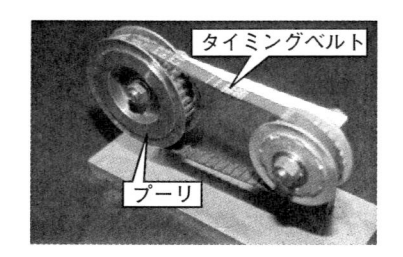

図8-24　歯付きベルト

図8-25　ワンウェイクラッチ

図8-26　電磁クラッチ

> **チェックポイント**　機械では、歯車以外にも多くの種類の要素部品が使われています。

8-4 直線運動伝達部品

　最近のメカトロニクスの発展やロボット開発などから、リニア運動（直線運動）部品が必要とされています。クランク機構などを使って回転運動を往復運動に変換したり、あるいは回転運動用の部品を流用したりすることもできますが、以下に紹介するような市販部品をうまく利用することで、迅速な機械設計・開発が可能となります。

(1) 直動軸受

　第5章では、回転運動に利用するための転がり軸受について説明しました。図8-27に示す直動軸受（リニア軸受）は、回転運動用の転がり軸受と同様、球の転がり運動を利用しています。回転運動用の軸受を扱っ

ているほとんどのメーカで直動軸受を扱っています。

(2) リニアアクチュエータ

直線運動を行うためのアクチュエータ(リニアアクチュエータ、リニアモータ)としては、回転式モータとラックを利用した形式(図8-28)、サーボ制御を利用した形式、油圧や空気圧を利用した形式など、様々なものが市販されています。

(3) カムフォロア

カム機構などの支持などに使うための部品が、図8-29に示すカムフォロアです。このカムフォロアは、内部にニードル軸受が組み込まれ、カム機構や直線運動のガイドローラとして用いられます。

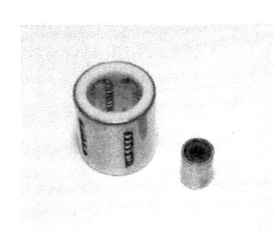

(a) 直動玉軸受　　(b) ボールスプライン　　(c) リニアガイド

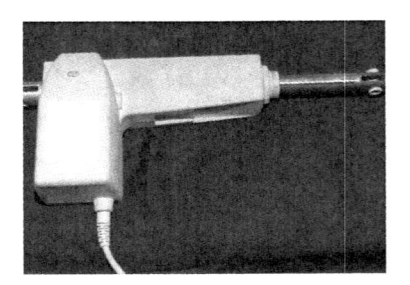

図8-27　直動軸受(THK社製)

図8-28　リニアアクチュエータ(HIWIN社製)

図8-29　カムフォロア(NTN社製)

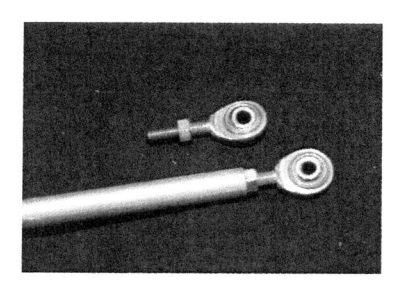

図8-30　ロッドエンド（THK社製）

（4）ロッドエンド

図8-30に示す球面ジョイントは、往復運動のロッド端部の取り付けに用いられます。取り付け部の遊びが少ないため、適切に利用すれば、精度の高い運動が可能です。

8-5 ばね

力を受けて一時的に変形している物体は、力が取り除かれると元に戻ろうとします。この性質を弾性と呼び、弾性を有効に利用しているのが「ばね」です。

（1）ばねの種類

ばねには多くの形状があり、最も広く使われているコイルばね（図8-31）やトラックの後輪サスペンションなどに用いられる板ばねなどがあります。また機械の軸や穴に取り付け、部品を固定するために用いる止め輪（図8-32）などもばねの一種です。小さいスイッチなどに使われているばねを含めると、ばねは、ほぼ全ての機械に使われていると言えます。

図8-31　コイルばね

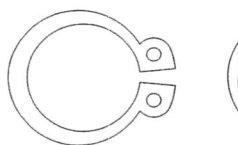

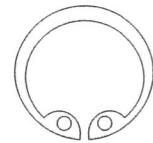

図8-32　止め輪

（2）ばねの特徴

ばねの特徴として、(i) たわみ・復元性がある、(ii) エネルギーを蓄えることができる、(iii) 固有振動数を持つことがあげられます。様々な機械において、たわみや復元性があるという特徴を利用することは多く、部品の位置決めや自動車のサスペンションなどに用いられています。また、最近では少なくなりましたが、手巻き式の腕時計などでは、ばね（ぜんまい）にエネルギーを蓄えておくことで、ある程度の時間、連続運転ができます。

通常、機械設計の際に最も問題となるのは、ばねの固有振動数です。ばねを含む振動系の固有周波数が機械の不釣り合いな回転運動あるいは往復運動の周波数に一致すると、機械が大きく振動し、状況によっては機械あるいは部品が破損することがあるためです。

> **チェックポイント** 機械設計の際に最も問題となるのは、ばねの固有振動数です。

共振を利用したスターリングエンジン

　上述の通り、共振は機械が壊れる原因となるため、機械設計においては共振を起こさないようにするのが普通です。しかし図8-33に示すセミフリーピストン形と呼ばれるスターリングエンジンでは、パワーピストンの運動に共振を利用しています。これは、ディスプレーサを電気モータで往復運動させることにより、パワーピストンに圧力変化を与えています。ディスプレーサの周波数をパワーピストンの振動系（質量、ばね、負荷などの外力）の固有周波数に一致させることで、パワーピストンは大きく振動し、一般のスターリングエンジンと同じように作動します。

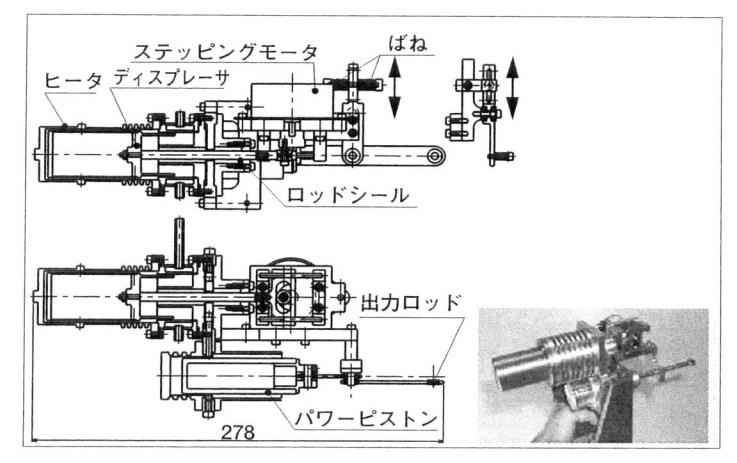

図8-33　セミフリーピストン形スターリングエンジン

8-6 ● 市販部品を組み合わせる設計

　市販されている部品をうまく組み合わせることで、十分な機能を持つ機械を設計することができます。その一例として、計測用車いす（図8-34）を紹介します。この計測用車いすは、車いすの走行特性を調べるた

図8-34 計測用車いす

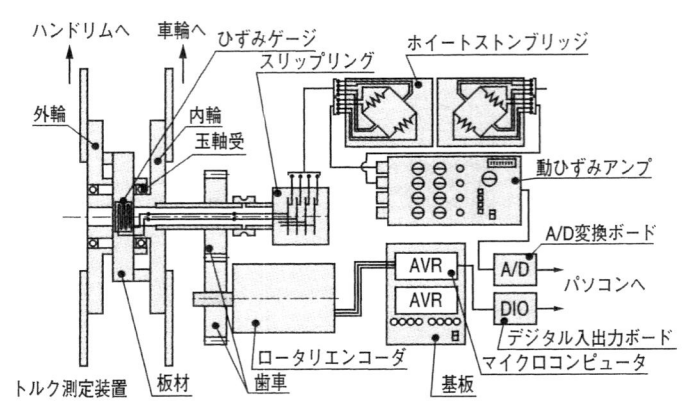

図8-35 測定部の構成

めに試作したものであり、左右後輪のトルクと回転角度を測定できます。**図8-35**に測定部の構成を示します。本計測用車いすは、市販されている車いすにいくつかの計測器を取り付けています。トルク測定装置の一部を除き、ほとんどの部分は市販部品を利用しています。

図8-36にトルク測定装置の外観を示します。車輪と接続された内輪とハンドリムに接続された外輪とは転がり軸受で支持されています。内輪と外輪の間には、厚さ1.5 mmのアルミニウム合金製（A2024S）の板材を取り付け、その中央の表・裏両面に汎用ひずみゲージを接着し、引張力と圧縮力により生じるひずみを検出しています。そしてアンプ（増幅器）を通してパーソナルコンピュータに取り込まれます。

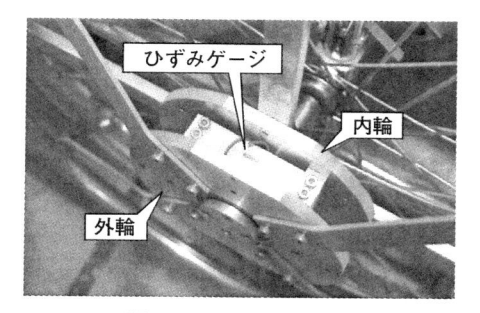

図8-36　トルク測定装置

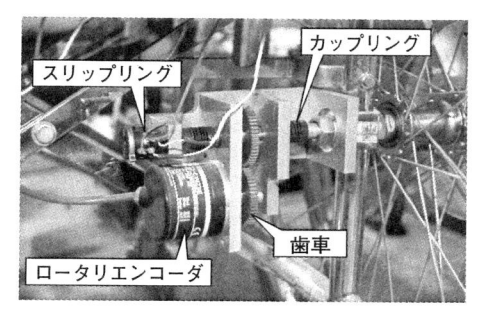

図8-37　回転角度の測定

　回転角度の測定には、1回転に2000個のパルスを発生するロータリエンコーダを使用しています。図8-37に示すように、ロータリエンコーダは、回転軸から歯車を介して取り付けられています。ロータリエンコーダの信号は、マイクロコンピュータで処理された後、パーソナルコンピュータに取り込まれます。

　このような実験装置はやや特殊ですが、一般の機械設計においても設計の分野以外の様々な知識が必要になります。機械設計の範囲はとても広く、要素部品を設計することもあり、要素部品をうまく組み合わせて機械を作り上げていくこともあります。市販されている部品を利用することは機械開発の迅速化・低コスト化につながります。市販部品を適切かつ積極的に利用するとよいでしょう。

考えてみよう！

【問8-1】機械を自動制御する際、電子技術を使わない機械的な制御と電子技術を利用する電子制御の特徴（長所・短所）を考えてみましょう（図8-8、図8-9参照）。

【問8-2】身近で使われている電気モータの種類を調べてみましょう。なぜ、そのようなモータを使われているのか、理由を考えてみましょう。

【問8-3】携帯電話に、何らかのセンサと制御回路を取り付け、高性能化・高機能化を図ります。具体的な方法を提案してみましょう。

【問8-4】車いすに、何らかのセンサと制御回路を取り付け、高性能化・高機能化を図ります。具体的な方法を提案してみましょう。

第8章 市販部品を利用する設計

第9章

機械設計の高度化

　本書の内容だけでは、実際の機械設計を進めることはできません。また教科書や参考書の設計手順に従ったとしても、完璧な機械を完成させることはできません。機械は常に進歩していくものであり、設計方法や設計者の考え方は常に変化するものです。より高度な機械設計を目指す場合、機械自体を高性能にすること、その時代に適した設計の考えを持つこと、さらに目的に適した設計方法を利用することなどが重要になります。

9-1 ● システム設計の重要性

　第4章から第8章までは、主として機械の構成要素に着目した設計（要素設計）について考えてきました。しかし実際の機械設計はもっと複雑で広い範囲の知識を必要とします。すなわち設計の対象をシステム的にとらえて設計を進めていく必要があります。

(1) システム設計の手順と必要性

　通常の機械設計は、概念設計、基本設計、詳細設計の順番で行われていきます。さらに、それらに関連して、設計条件や仕様、設計コンセプト（設計指針）などの制約や発想があります（**図9-1**）。そして、機械設計を完成させるためには、前章までに紹介したような、機械の構成要素の知識が必要となります。もちろん個々の項目を入念に検討する必要があるのは言うまでもありませんが、機械を完成させるという最終目的を考えた場合、機械システム全体を適切なバランスに保つことが重要です。設計者は、常に機械開発の流れや周囲の環境を見渡していなければいけません。

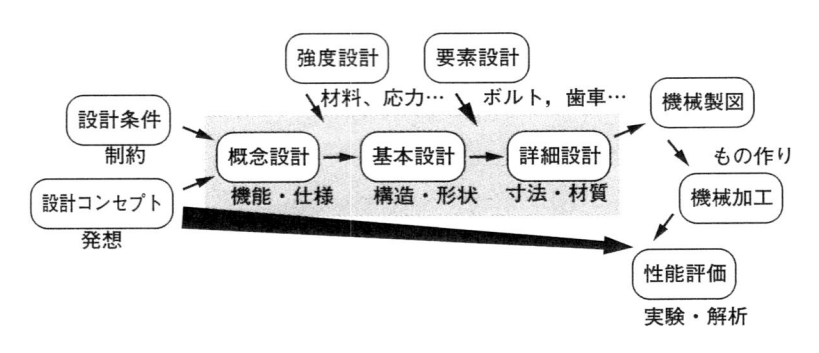

図9-1　システム設計の手順

(2) システム設計に必要な知識

　機械設計は、機械を作り上げていく過程における「考える作業」です。それぞれの設計者が新しい発想を持ち、創造的な設計を進めることが重要ですが、同時に基礎的な知識を利用していかなければいけません。機械工学科では、材料力学、熱力学、流体力学、機械力学（振動）、機構学、計測・制御工学、機械材料学、機械加工学などの科目を学びます。実際の機械設計では、以上にあげた科目の一部あるいは全てを利用します。例えば、スターリングエンジンの設計では主として熱力学、機械力学および機構学の知識を必要とします。また図9-2に示すように、魚ロボットの設計では流体力学、機構学および制御工学などの知識が必要となります。

> **チェックポイント** 実際の機械設計では、設計の対象をシステム的にとらえて設計を進めていく必要があります。

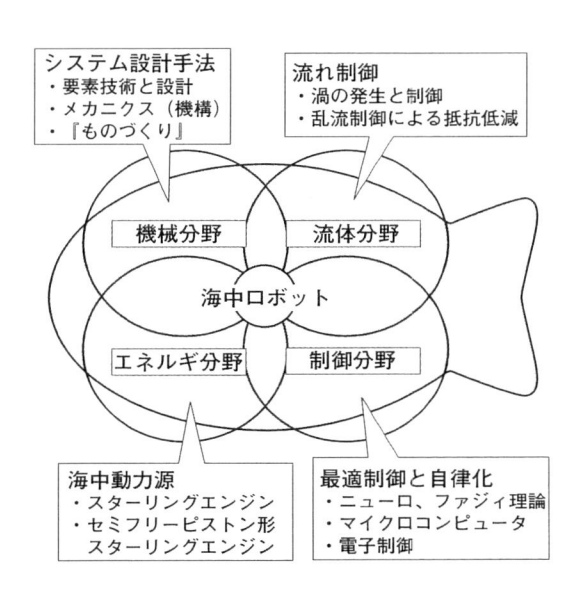

図9-2　魚ロボットのシステム設計

9-2 ● 機械の高性能化

　機械の性能とは、機械の種類や用途によって様々です。例えば自動車の場合、加速性、旋回性あるいは燃費などがあります。家電機械の場合、価格（コスト）、機能性、操作性などがあります。以下、機械の高性能化について考えてみます。

（1）性能評価

　機械を高性能化するためには、機械の性能評価が必要不可欠です。機械の性能評価を行うことにより、機械の問題点や改善すべき点が明らかになります。一例として、図9-3は実験用スターリングエンジン（**7-5節**参照）の各駆動部の機械損失を解析した結果です。詳細については省略しますが、このエンジンにおいては、メカニカルシール（**図7-24**）およびリップシール（**図7-27**）の損失が大きく、エンジンの高性能化のためにはこれらの損失を減らすことが有効であることがわかります。このような機械の性能評価は、新たな機械の設計に役立ちます。

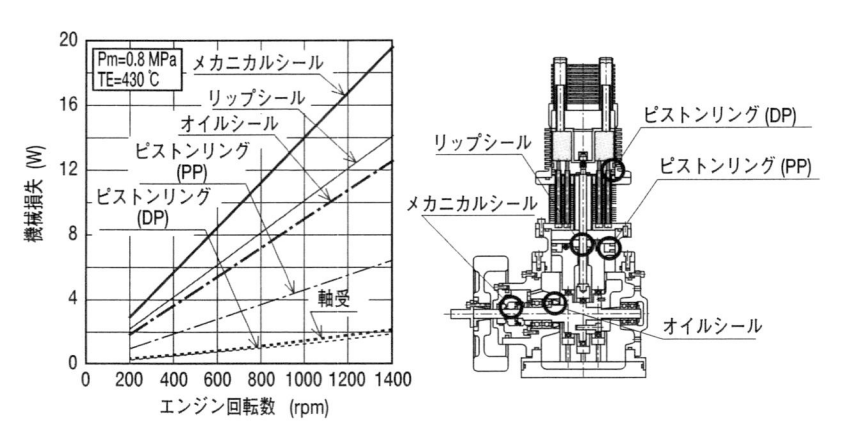

図9-3　スターリングエンジンの性能評価

(2) 情報伝達

　実際の設計現場において、1つの機械を一人だけで設計することはほとんどありません。そのため、設計者同士の情報伝達が重要になります。そのためには、機械製図の知識はもちろん、CADの利用も有効です（図9-4）。機械の詳細構造についての情報を伝える場合、言葉だけで説明するよりも、図面を使った方が能率的なためです。また、概念設計から基本設計、詳細設計へと進んでいく場合、CADデータが情報伝達の手段として使われます。

(3) 設計の最適化

　本書では、主として機械設計の考え方について解説してきました。単純な機械を開発する場合は、経験や簡単な性能評価だけでも機械の高性能化を実現できるかもしれません。しかし、最近の複雑な機械を高性能化するためには、精度の高い解析が必要不可欠になります。機械の高性能化・最適化を目指す場合、詳細な設計計算やコンピュータを利用した

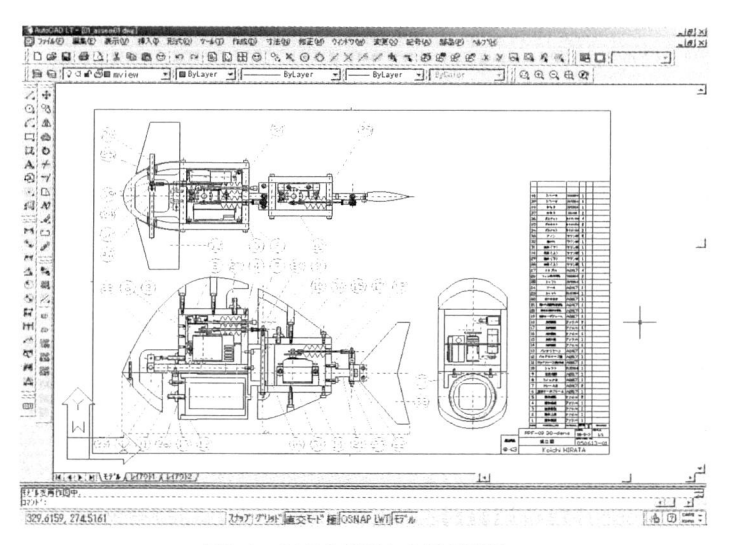

図9-4　CADを利用した機械設計

高度な解析が有効です。実際の機械設計に用いられる例として、コンピュータを利用した流れの解析（CFD）や有限要素法（FEM）と呼ばれる数値計算法を利用した構造・強度解析があげられます。コンピュータを利用することで、複雑な解析を迅速に行うことができます。ただし、実際の機械開発においては、設計から製作、使用（操作性）に至るまでのバランスが重要ですが、コンピュータはそのバランスを適切に判断することはできません。すなわち、機械設計では設計者の判断が最も重要です。

（4）信頼性の高い設計

　実際の機械製品を開発する場合、故障しにくい製品であること、そして、もし故障してもすぐに修理できる製品であることが重要です。そのような機械の信頼性評価にFMEA（Failure Mode and Effects Analysis）と呼ばれる手法が用いられることがあります。

　FMEAは、製品設計上の信頼性を改善する目的で開発され、活用されている手法です。簡単に言えば、機械システムを構成する部品（または要素）に故障が発生した場合を想定し、その際、機械全体にどのような

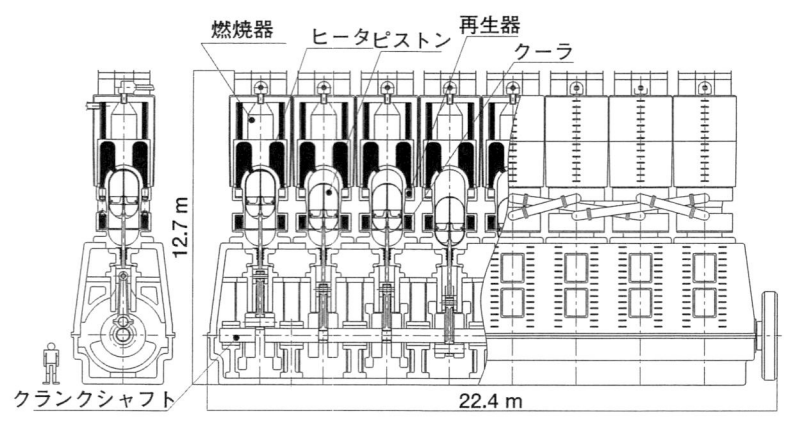

図9-5　大型舶用スターリングエンジンのイメージ

影響を与えるのかを表を使って解析する方法です。本書で述べてきたような機械設計のほか、生産コストや製品のライフサイクル、品質管理などにも適用可能な手法です。

図9-5に示す大型舶用スターリングエンジンをイメージして、簡単なFMEA解析シートを作成してみます。**表9-1**に示すように、エンジン全体を構成品に分割し、起こりうる故障とその原因を考えます。また、その故障が構成品およびエンジン全体へ与える影響を考え、**表9-2**に示す影響度の点数を記入します。さらに、**表9-3**に示す発生頻度を考え、故障等級（＝影響度×発生頻度）を計算します。

このような方法で解析すると、故障等級が高い構成品（部品）ほど、信頼性が低いことを表します。例えば、故障等級30以上を「要注意（再

番号	構成品	品名	故障モード	推定原因	構成品への影響	全体への影響	影響度E	発生頻度F	故障等級(E×F)	備考
1	ヒータ	ヒータ管	亀裂発生	過圧 ヒートスポット発生	機能停止	作動ガス漏れ 機能停止	8	4	32	要注意
		フランジ	破損	過圧	機能停止	破裂 機能停止	10	2	20	
		燃焼ガス流路	破損	ヒートスポット発生 クリープ	性能低下	燃焼ガス漏れ 性能低下	6	6	36	要注意
2	再生器	マトリックス	摩耗	作動ガス高温化	性能低下	性能低下	4	6	24	やや注意
		ハウジング	破損	過圧	機能停止	作動ガス漏れ	10	2	20	
3	クーラ	クーラ管	亀裂発生	腐食	機能停止	作動ガス漏れ 機能停止	6	2	12	
		フランジ	破損	過圧	機能停止	破裂 機能停止	10	1	10	
		冷却水流路	破損	腐食	性能低下	冷却水漏れ	4	6	24	やや注意
4	ピストン	ピストンリング	異常摩耗	荷重過大	性能低下	性能低下	6	4	24	やや注意
		ピストン	シリンダとの接触	駆動部破損 ねじの緩み	性能低下	性能低下	8	2	16	
5	シリンダ	ライナー	異常摩耗	荷重過大	性能低下	性能低下	4	2	8	
		カバー	破損	過圧 高温化	機能停止	破裂 機能停止	10	2	8	
6	クランク機構	シャフト	破損	荷重過大 ねじり過大	機能停止	機能停止	10	2	8	
		軸受	破損	潤滑不調 荷重過大	機能停止	性能低下	6	2	8	

表9-1　FMEA解析シートの例

影響度	
10	致命的、死傷、破壊
8	重大、機能喪失、後遺症
6	機能低下、怪我
4	軽微、軽傷
2	極小、無視できる

表9-2　影響度の評価点数

発生頻度	
10	発生頻度が非常に高い
8	発生頻度が高い
6	ときどき発生する
4	少ないが発生する
2	ほとんど発生しない

表9-3　発生頻度の評価点数

設計）」とすれば、影響度を減らすか、あるいは発生頻度を減らすような設計が必要になることとなります。

チェックポイント 1つの機械を一人だけで設計することはほとんどありません。そのため設計者同士の情報伝達が重要になります。

9-3 「やさしさ」のある機械設計

　機械を高性能化することだけが機械設計の高度化ではありません。機械を完成させるためには、発想、設計、製図そして製作という連携作業が行われます。そのため、常に機械の作りやすさを考えながら設計を進めなければならないことは第3章で述べました。さらに、完成させた機械を使うことも考えた設計が重要です。

（1）使用者にやさしい機械の設計
①機械の操作性
　従来の機械設計は、主として機械的な強度や機能に着目して進めるものでした。一方、最近では、使用者（消費者）の扱いやすさを考えた設計が必要とされています。すなわち、使用者が機械製品を間違いなく使用するため、操作のわかりやすさや操作のしやすさを考えた設計を行わなければいけません（図9-6）。
②バリアフリー

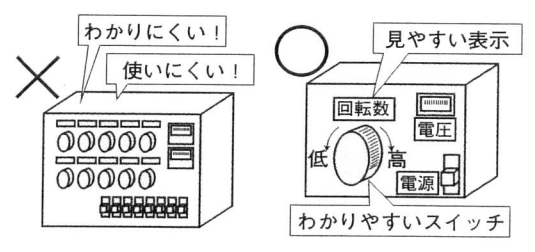

図9-6　機械の操作性

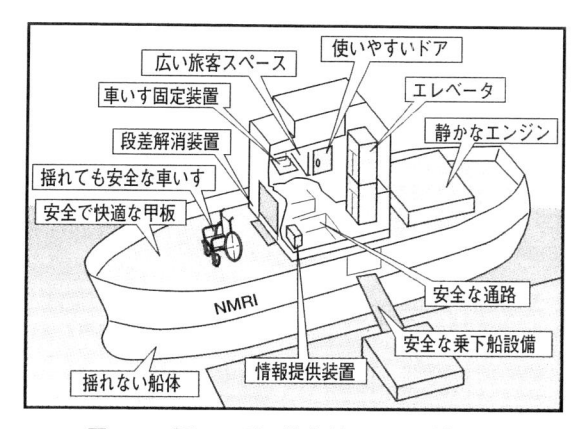

図9-7　バリアフリー旅客船のイメージ

　また、高齢者や障害者が機械を使おうとした場合に邪魔になる様々なバリア（障壁）を取り除くというバリアフリーの考え方も重要です（図9-7参照）。バリアフリーの考え方は、建築設計の分野では徐々に確立されつつありますが、機械設計においてはまだ十分に確立した考えではないのが現状です。

③ユニバーサルデザイン

　全ての人にできる限り使いやすいように、機械製品や建築物などを設計（デザイン）する考え方をユニバーサルデザインと言います。ユニバーサルデザインは、バリアフリーの考え方とは異なり、特定の使用者の

ために特別な設計を必要とするものではありません。これからの機械設計は、バリアフリーやユニバーサルデザインの考え方を取り入れていく必要があります。

(2) 環境にやさしい機械の設計
①機械と環境

　機械は人間の生活を便利にするために作られるものです。しかし機械を作ること、あるいは使うことによって地球環境が悪化することも否定できません（図9-8）。自動車や船舶、航空機などの輸送機器は生活を便利にしていると同時に、そのエンジンから排出される排ガスは地球環境を徐々に悪化させているのは明らかです。このような問題を解決するた

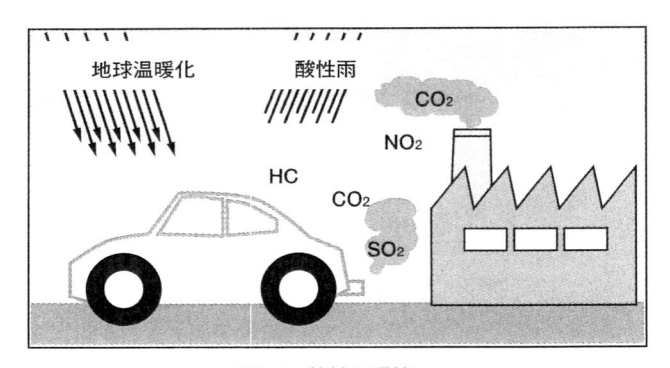

図9-8　機械と環境

図9-9　リサイクルできるカメラ

めにどのような方法があるのかを考えることはこれからの機械設計者の課題です。

②リサイクル設計

現在、資源やエネルギーの有効利用といった観点から、機械製品のリサイクルを考えた設計が必要とされています（図9-9）。リサイクルとは、不要になった製品を新たに製作する製品の原料または部品として再利用することです。現在、不要になった自動車や家電製品、その他の工業製品の不法投棄が大きな社会問題となっています。これからの機械は、エネルギーの有効利用や環境保全のためにも、廃棄物（ゴミ）をできる限り少なくする機械設計が必要になります。

リサイクル設計において設計者が考えておきたい項目は次の通りです。

(a) 製品の分解や部品の取り外しが容易な構造とします。

(b) リサイクルのために多大なコストが必要であると、産業・事業として成り立ちません。リサイクルのためのコスト・時間を低減できる設計とします。

(c) 製品を完成させるまでに必要な資源消費量をできる限り少なくすることが重要です。

(d) 使用済みの製品から発生する廃棄物をできる限り少なくする設計が必要です。

③ライフサイクルアセスメント（LCA）

さらに広範囲な環境への影響を評価するため、ライフサイクルアセスメント（LCA）と呼ばれる解析手法の利用が進められています（図9-10）。LCAとは、原料調達から製造、流通、使用、廃棄、リサイクルに至るまでの製品の流れを対象とした環境評価手法です。各段階で投入される資源やエネルギーを見積もり、環境や資源枯渇等への影響を評価することによって、環境改善を目指すものです。これからの機械設計は、このような解析手法を活用し、機械製品の位置づけや環境に与える影響を明確にしていく必要があります。

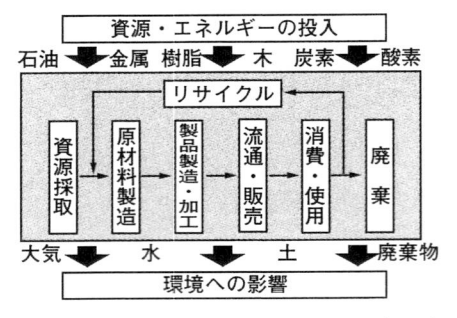

図9-10 ライフサイクルアセスメント（LCA）

> **チェックポイント** 機械を使うことも考えた設計が重要です。

考えてみよう！

【問9-1】これからの時代は「環境にやさしい機械」を設計する必要があります。自然エネルギー（太陽熱、風力、地熱、川の流れ、波など）を利用した新しい機械（あるいは技術）について考えてみましょう。

【問9-2】自然エネルギーを有効に利用することは極めて重要です。なぜ、風力エネルギーを利用した帆船は使われなくなったのでしょうか。その理由を考えてみましょう。

【問9-3】未来の生活に役立つロボットを考えてみましょう。

【問9-4】日本は諸外国に例を見ない早さで人口の高齢化が進んでおり、21世紀の半ばには国民の3人に1人が65歳以上という超高齢社会の到来が予測されています。このような背景のもとで、将来の生活に役立つ機械を考えます。
(1) 超高齢社会になった場合、想定される問題点を考えてみましょう。
(2) その問題点を解決する方法を考えてみましょう。
(3) 将来の生活に役立つ「機械」を提案してみましょう。
(4) 提案した「機械」を実現するために必要な技術をまとめてみましょう。

あとがき

　本書では、機械工学を学んでいる学生や技術者を対象として、機械設計の楽しさ、奥深さ、難しさを伝えられるように心がけてきました。しかし本書を読んだからといって機械設計ができるようになるわけではありません。本書、あるいはその他の機械設計の教科書に記された手順で、順調に設計が進むことはほとんどありません。実際には試行錯誤を繰り返して、無駄かと思われる努力・苦労をしながら一つの機械を設計します。もちろん、その作業は無駄ではありません。そのような経験は各自の機械のセンスを磨くことになりますし、設計の過程で学んだ様々な知識は必ず次の機械設計に役立ちます。

　本書のあとがきとして、機械設計者・機械技術者を目指す読者の方々へのメッセージをまとめます。

「考える機械設計を心がけよう！」
　機械設計では、考えられるあらゆる方法や構造を考えることが重要です。機械に関する知識や経験が少ない場合、最初に思いついた方法がベストな方法であると思いこむことが多いようです。最初に思いついた方法がベストなことはほとんどありません。ほとんどの場合、ある程度の時間をかけて、しっかりと考えることで、よりよい方法を思いつきます。幅広い知識と興味を持って、様々な方面から機械を見つめることが重要です。

「迅速な設計を心がけよう！」
　機械への興味が強すぎたり、あるいは機械設計に集中しすぎたりすると、機械設計に多大な時間を費やしてしまいます。機械設

計に時間をかけることで、より高度な機械を開発できるかもしれません。しかし最終目標は機械を完成させることですので、機械設計や機械製図はできる限り短時間で終了させなければいけません。機械設計の迅速化を図る方法としては、JISなどの規格部品を積極的に利用すること、CADをうまく活用すること、そして多くの知識を持つと同時に工学的なセンスを養うことなどがあげられます。

「常に新しい情報を収集しよう！」
　機械技術は常に進化しています。設計者・技術者は、常に最新情報を収集するように努力しなければいけません。たとえばインターネットを利用すれば、機械設計や機械要素部品についての多くの情報を探し出すことができます。筆者が公開しているホームページ（http://www.nmri.go.jp/eng/khirata/design/）では、機械部品メーカーへのリンクや本書に掲載されなかった実験機器の情報があります。是非、ご活用下さい。

　最後にこの紙面をお借りして、執筆の機会を与えていただき、終始ご支援をいただいた新日本編集企画の飯嶋光雄氏並びに日刊工業新聞社の奥村功氏に厚くお礼申し上げます。また、本書を執筆するにあたって、貴重な助言をいただいた元産業技術総合研究所の川田正國先生、本書で紹介した実験用機器の設計・製作に携わった東京電機大学、法政大学および工学院大学の多くの研修生達並びにその指導教員の先生方に深くお礼申し上げます。

参考文献

1) JISハンドブック 製図、日本規格協会、2005
2) JISハンドブック 機械要素、日本規格協会、2005
3) 兼田楨宏、山本雄二、基礎機械設計工学 第2版、理工学社、2002
4) 井澤 實、機械設計工学 第2版、理工学社、1999
5) 大西 清、機械設計入門 第3版、理工学社、1999
6) 津村利光、大西 清、JISにもとづく機械設計製図便覧 第10版、理工学社、2001
7) 和栗 明、機械工作法、養賢堂、1987

索　引

英数字
- CAD ……………………203
- FMEA …………………204
- FRP ……………………40
- Oリング ………………158
- Vベルト ………………188

あ
- 圧縮荷重 ………………22
- アルミニウム合金 ……36
- 安全率 …………………23
- ウォームギヤ …………131
- 内歯車 …………………132
- 遠心調速機 ……………182
- エンドミル ……………51
- オイルシール …………163
- 往復運動 ………………30
- 応力集中 ………………24
- 押えボルト ……………90
- おねじ …………………68

か
- 回転運動 ………………30
- 角ねじ …………………67
- かさ歯車 ………………131
- ガスケット ……………153
- カップリング …………106
- カムフォロア …………190
- キー ……………………113
- 機械軸 …………………100
- 基準寸法 ………………55
- 基準面 …………………61
- 基準ピッチ円直径 ……135
- 許容応力 ………………23
- 金属材料 ………………34
- クリープ ………………26
- 減速比 …………………133
- コイルばね ……………191
- 交流モータ ……………176
- 転がり摩擦 ……………116
- 転がり軸受 ……………116
- ころ軸受 ………………117

さ
- サーボモータ …………178
- 座屈 ……………………27
- 三角ねじ ………………67
- 軸 ………………………100
- 軸受 ……………………115
- 軸継手 …………………106
- システム設計 …………200
- シート状ガスケット …155
- シール装置 ……………152
- 車軸 ……………………100
- 樹脂材料 ………………39
- 深溝玉軸受 ……………119
- スターリングエンジン …15
- ステッピングモータ …178
- ステンレス鋼 …………37
- スプライン ……………114
- スプリングワッシャ …78
- すべり摩擦 ……………116
- すべり軸受 ……………116
- 寸法公差 ………………55
- 静的シール ……………153
- 設計コンセプト ………12
- 切削加工 ………………44
- 旋盤 ……………………45
- センサ …………………182
- せん断荷重 ……………22
- 塑性加工 ………………44

た
- タイミングベルト ……188
- 台形ねじ ………………67
- 炭素鋼 …………………34
- チェーン ………………187
- 直動軸受 ………………189

214

直流モータ	176
テーパねじ	68
展延性	36
伝動軸	100
電気モータ	176
銅合金	38
通しボルト	90
動的シール	153
止め輪	191
ドリル	51
トルク	31

な
二重ナット	94
ねじ	66

は
バイト	45
歯車	130
歯数	133
はすばかさ歯車	131
はすば歯車	131
バックラッシ	138
歯付きベルト	188
ばね	191
ばね座金	78
はめあい	56
バリアフリー	207
パルスモータ	178
平座金	78
平歯車	130
平ワッシャ	78
非金属材料	39
ひずみゲージ	183
ピッチ	68
引張り応力	22
引張り強さ	22
引張り荷重	22
表面粗さ	60
左ねじ	69

ピストンリング	168
付加加工	44
普通公差	13、55
フライス盤	49
フランジ形軸継手	106
フリクションジョイント	114
ベアリング	115
平行ねじ	68
ベルト	187
偏角	110
偏心	110
ボルト穴	91

ま
マイクロコンピュータ	185
右ねじ	69
めねじ	68
メカトロニクス	181
メカニカルシール	168
メートルねじ	70
モジュール	136

や
ユニファイねじ	70
遊星歯車機構	132
ユニバーサルデザイン	207
溶接	53

ら
ライフサイクルアセスメント	209
ラック	132
リサイクル	209
リップシール	169
リード	69
リニアアクチュエータ	190
リニア軸受	189
ロータリエンコーダ	184
六角ボルト	74
ロードセル	183

◎著者略歴◎

平田宏一(ひらた こういち)
1967年　　東京生まれ
1992年　　埼玉大学大学院理工学研究科機械工学専攻修了
1992年　　運輸省 船舶技術研究所 機関動力部 研究官
1998年　　埼玉大学大学院理工学研究科より博士（工学）取得
現在　　　（独）海上技術安全研究所 環境エンジン開発プロジェクト 主任研究員

学生時代から模型スターリングエンジンなどの実験装置の製作をはじめる。現在、同研究所において、スターリングエンジン、魚ロボット、船舶バリアフリーの研究に従事。主に機械設計と熱機関を専門分野とし、様々な実験装置の設計・試作を行っている。

●主な著書
・「模型スターリングエンジン」（共著）、山海堂、1997年
・「スターリングエンジンの理論と設計」（共著）、山海堂、1999年
・「はじめて学ぶ熱力学」（共著）、オーム社、2002年
・「マイコン搭載ロボット製作入門 ―AVRで魚型ロボットのメカを動かす―」CQ出版 2005年
・「絵とき「機械加工」基礎のきそ」日刊工業新聞社、2006年

●ホームページ　http://www.nmri.go.jp/energy/khirata/index_j.html

絵とき
「機械設計」基礎のきそ　　　　　NDC531

2006年3月24日　初版1刷発行
2017年2月22日　初版13刷発行

（定価はカバーに表示してあります）

Ⓒ　著　者　　平田　宏一
　　発行者　　井水　治博
　　発行所　　日刊工業新聞社
　　　　　　　〒103-8548　東京都中央区日本橋小網町14-1
　　電　話　　書籍編集部　03（5644）7490
　　　　　　　販売・管理部　03（5644）7410
　　ＦＡＸ　　03（5644）7400
　　振替口座　00190-2-186076
　　ＵＲＬ　　http://pub.nikkan.co.jp/
　　e-mail　　info@media.nikkan.co.jp
　　企画・編集　新日本編集企画
　　印刷・製本　新日本印刷（POD1）

落丁・乱丁本はお取り替えいたします。
2006 Printed in Japan
ISBN 978-4-526-05621-5　C3053

本書の無断複写は、著作権法上の例外を除き、禁じられています。